JIANZHU GONGCHENG ZHILIANG KONGZHI FANGFA JI YINGYONG

建筑工程质量控制方法及应用

杨智慧 著

重庆大学出版社

内容提要

本书集理论和实践于一体，主要阐述了建筑工程质量控制方法，内容翔实，紧贴实际，对工程建筑领域的质量控制及创优具有参考意义。本书共分为七章，主要包括建筑工程质量管理与质量控制概论、建筑工程施工质量管理与控制、建筑工程施工质量验收、混凝土结构工程的质量控制、钢结构工程质量控制、建筑机电安装工程质量控制、建筑工程质量控制中的BIM技术综合与虚拟建造等内容，对高校相关专业人员有较大的参考价值。

图书在版编目(CIP)数据

建筑工程质量控制方法及应用／杨智慧著. -- 重庆：重庆大学出版社，2020.6

ISBN 978-7-5689-2142-8

Ⅰ. ①建… Ⅱ. ①杨… Ⅲ. ①建筑工程—工程质量—质量控制 Ⅳ. ①TU712

中国版本图书馆CIP数据核字(2020)第077963号

建筑工程质量控制方法及应用

杨智慧 著

策划编辑：鲁 黎

责任编辑：邹 忌 版式设计：鲁 黎

责任校对：王 倩 责任印制：张 策

*

重庆大学出版社出版发行

出版人：饶帮华

社址：重庆市沙坪坝区大学城西路21号

邮编：401331

电话：(023)88617190 88617185(中小学)

传真：(023)88617186 88617166

网址：http://www.cqup.com.cn

邮箱：fxk@cqup.com.cn(营销中心)

全国新华书店经销

重庆升光电力印务有限公司印刷

*

开本：787mm×1092mm 1/16 印张：13 字数：311千

2020年6月第1版 2020年6月第1次印刷

ISBN 978-7-5689-2142-8 定价：68.00元

前　言

在建筑工程质量管理中,事前控制往往要比事故既出再去弥补显得更为重要。随着技术的进步与施工精细化管理的实施,工程质量总体水平有较大的提高,传统建筑不断升级与“高、大、新、奇”建筑的涌现,为人们生活居住环境的改善和社会进步做出了巨大贡献。与此同时,对新建工程进行质量控制,避免事故的发生显得尤为重要,本书集理论和实践于一体,主要阐述建筑工程质量控制方法,内容翔实,紧贴实际,对工程建筑领域的质量控制及创优具有参考意义。

本书由南宁职业技术学院杨智慧撰写,分为七章,主要包括建筑工程质量管理与质量控制概论、建筑工程施工质量管理与控制、建筑工程施工质量验收、混凝土结构工程的质量控制、钢结构工程质量控制、建筑机电安装工程质量控制、建筑工程质量控制中的 BIM 技术综合与虚拟建造等内容。

本书主要面向施工现场的管理人员,特别是项目部质量与技术管理团队,同时也可作为高等院校相关专业的参考用书。

由于著者水平有限,书中难免存在不足和不妥之处,恳请各位读者和同行专家批评指正。

著　者

2020 年 1 月

目　录

第一章　建筑工程质量管理与质量控制概论 ………………… 1
第一节　质量与建筑工程质量 ……………………………… 1
第二节　系统工程质量管理与质量控制 ………………… 6
第三节　工程质量的管理体制 …………………………… 11
第四节　质量管理体系标准 ……………………………… 15

第二章　建筑工程施工质量管理与控制 ………………… 24
第一节　建筑工程施工质量控制 ………………………… 24
第二节　施工质量控制的内容、方法和手段 …………… 31

第三章　建筑工程施工质量验收 ………………………… 39
第一节　建筑工程施工质量验收基本概念 ……………… 39
第二节　建筑工程施工质量验收的基本规定 …………… 41
第三节　建筑工程施工质量验收的划分 ………………… 43
第四节　建筑工程施工质量验收 ………………………… 44
第五节　建筑工程施工质量验收的程序和组织 ………… 47

第四章　混凝土结构工程的质量控制 ………………… 49
第一节　混凝土材料配合比的质量控制 ………………… 49
第二节　混凝土结构的表面质量及控制 ………………… 52
第三节　混凝土结构的内部质量问题 …………………… 64
第四节　混凝土结构裂缝及裂缝控制 …………………… 67
第五节　混凝土裂缝治理方法及技术 …………………… 75

第五章　钢结构工程质量控制 …………………………… 81
第一节　钢结构材料特性及质量验收 ……………………… 81
第二节　钢结构制作及质量控制 …………………………… 87
第三节　钢结构精确测量及质量控制 ……………………… 106
第四节　钢结构焊接及质量控制 …………………………… 108
第五节　钢结构的高强螺栓连接及质量控制 ……………… 119
第六节　钢结构防腐及质量控制 …………………………… 123
第七节　钢结构防火技术及质量控制 ……………………… 125
第八节　预应力钢结构拉索施工及质量控制 ……………… 128

第六章　建筑机电安装工程质量控制 ……………………… 134
第一节　设备安装工程施工技术及质量控制 ……………… 134
第二节　建筑给排水施工技术及质量控制 ………………… 169

第七章　建筑工程质量控制中的 BIM 技术综合与虚拟建造 …………………………………………………………… 192
第一节　BIM 技术的项目应用要求及配置 ………………… 192
第二节　建筑工程的 BIM 技术及准备 ……………………… 194
第三节　建筑工程质量控制中的 BIM 技术研究 …………… 198

参考文献 …………………………………………………… 202

第一章　建筑工程质量管理与质量控制概论

第一节　质量与建筑工程质量

一、质量

（一）定义

质量是指一组固有特性满足要求的程度。

（二）含义

（1）质量不只是产品所固有的，既可是某项活动或者某个过程的工作质量，又可是某项管理体系运行的质量。质量是由一组固有特性组成的，这些固有特性是指满足顾客和其他相关方要求的特性，并以满足要求的程度进行表征。

（2）特性是指区分的特征。特征可以是固有的，也可以是赋予的；可以是定性的，也可以是定量的。而质量特性是固有的特性，是通过产品、过程、体系设计、开发以及在实现过程中形成的属性。

（3）满足要求是指满足明示的（如合同、规范、标准、技术、文件和图纸中明确规定的）、隐含的（如组织的惯例、一般习惯）或必须履行的（如法律、法规、行规）的需要和期望。而满足要求的程度才是反映质量好坏的标准。

（4）人们对质量的要求是动态的。质量要求随着时间、地点、环境的变化而变化。如随着科学技术的发展，人们生活水平的不断提高，其对质量的要求也越来越高。这也是国家和地方要修订各种规范标准的原因。

二、建筑工程质量

（一）建筑工程

建筑工程是指新建、改建或扩建房屋建筑物和附属构筑物设施所进行的规划、勘察、设计、施工、竣工等各项技术工作和完成的工程实体。

（二）建筑工程质量

1. 定义

建筑工程质量是反映建筑工程满足相关标准规定或合同约定的要求，包括其在安全使用功能及其在耐久性能、环境保护等方面所有明显和隐含能力的特性总和。

2. 含义

建筑工程作为特殊产品，不但要满足一般产品共有的质量特性，还具有特殊的含义。

（1）安全性。这是建筑工程质量最重要的特性，主要是指建筑工程建成后，在使用过程中要保证结构安全、保证人身和财产安全。其中包括建筑工程组成部分及各附属设施都要保证使用者的安全。

（2）适用性。即功能性，这也是建筑工程质量的重要的特性，是指建筑工程满足使用目的的各种性能。如住宅要满足人们居住生活的功能；商场要满足人们购物的功能；剧场要满足人们视听观感的功能；厂房要满足人们生产活动的功能；道路、桥梁、铁路、航道要满足相应的通达便捷的功能。

（3）耐久性。即寿命，是指建筑工程在规定条件下，满足规定功能要求使用的年限，也就是工程竣工后的合理使用周期。由于各类建筑工程的使用功能不同，因此国家对不同的建筑工程的耐久性有不同的要求。如民用建筑主体结构耐用年限分为四级（15～30 年、30～50 年、50～100 年、100 年以上）；公路工程年限一般在 10～20 年。

（4）可靠性。其是指工程在规定的时间和规定的条件下完成规定功能的能力，即建筑工程不仅在交工验收时要达到规定的指标，而且在一定使用时期内要保持应有的正常功能。

（5）经济性。其是指工程从规划、勘测、设计、施工到整个产品使用寿命周期内的成本和消耗的费用。其具体表现为设计成本、施工成本、使用成本三者之和，包括从征地、拆迁、勘察、设计、采购（材料、设备）、施工、配套设施等建设全过程的总投资和工程使用阶段的能耗、水耗、维护、保养乃至改建更新的使用维修费用。通过分析比较，判断工程是否符合经济性要求。

（6）环保性。其是指工程是否满足其周围环境的生态环保，是否与所在地区经济环境相协调，以及与周围已建工程相协调，是否适应可持续发展的要求。

上述建筑工程质量特性彼此相互联系、相互依存，是建筑工程必须达到的质量要求，缺一不可。只是可根据不同的工程用途选择不同的侧重方面而已。

三、建筑工程质量的形成过程与影响因素

（一）建筑工程质量的形成过程

1. 工程项目的可行性研究

工程项目的可行性研究是在项目建议书和项目策划的基础上，运用经济学原理对投资项目的有关技术、经济、社会、环境及所有方面进行调查研究，对各种可能的拟建方案和建成投产后的经济效益、社会效益和环境效益等进行技术经济分析、预测和论证，确定项目建设的可行性，并在可行的情况下，通过方案比较从中选出最佳建设方案，作为项目决策和设计的依据。在此过程中，需要确定工程项目的质量要求，并与投资目标相协调。因此，项目的可行性研究直接影响项目的决策质量和设计质量。

2. 项目决策

项目决策阶段是通过项目可行性研究和项目评估，对项目的建设方案做出决策，使项目的建设充分反映业主的意愿，并与地区环境相适应，做到投资、质量、进度三者协调统一。所以，项目决策阶段对工程质量的影响主要是确定工程项目应达到的质量目标和水平。

3. 工程勘察、设计

工程的地质勘察是为建设场地的选择和工程的设计与施工提供地质资料依据。工程设计是根据建设项目总体需求（包括已确定的质量目标和水平）和地质勘察报告，对工程的外形和内在的实体进行筹划、研究、构思、设计和描绘，形成设计说明书和图纸等相关文件，使得质量目标和水平具体化，为施工提供直接依据。

工程设计质量是决定工程质量的关键环节，工程采用什么样的平面布置和空间形式，选用什么样的结构类型，使用什么样的材料、构配件及设备等，都直接关系到工程主体结构的质量，关系到建设投资的综合功能是否充分体现规划意图。在一定程度上，设计的完美性也反映了一个国家的科技水平和文化水平。设计的严密性、合理性也决定了工程建设的成败，是建设工程的安全、适用、经济与环境保护等措施得以实现的保证。

4. 工程施工

工程施工是指按照设计图纸和相关文件的要求，在建设场地上将设计意图付诸实现的测量、作业、检验，形成工程实体建成最终产品的活动。任何优秀的勘察设计成果，只有通过施工才能变为现实。因此工程施工活动决定了设计意图能否体现，它直接关系到工程的安全可靠、使用功能的保证，以及外表观感能否体现建筑设计的艺术水平。在一定程度上，工程施工是形成实体质量的决定性环节。

5. 工程竣工验收

工程竣工验收就是对项目施工阶段的质量通过检查评定、试车运行以及考核项目质量是否达到设计要求;是否符合决策阶段确定的质量目标和水平,并通过验收确保工程项目的质量。所以工程竣工验收对质量的影响是保证最终产品的质量。

(二)影响建筑工程质量的因素

影响建筑工程质量的因素很多,但归纳起来主要有五个方面,即人员素质、工程材料、机械设备、方法和环境条件。

1. 人员素质

人是生产经营活动的主体,也是工程项目建设的决策者、管理者、操作者,工程建设的全过程,如项目的规划、决策、勘察、设计和施工,都是通过人来完成的。人员的素质,即人的文化水平、技术水平、决策能力、管理能力、组织能力、作业能力、控制能力、身体素质及职业道德等,都将直接或间接地对规划、决策、勘察、设计和施工的质量产生影响,而规划是否合理、决策是否正确、设计是否符合所需要的质量功能、施工能否满足合同、规范、技术标准的需要等,都会对工程质量产生不同程度的影响,所以人员素质是影响工程质量的一个重要因素。因此,建筑行业实行经营资质管理和各类专业从业人员持证上岗制度是保证人员素质的重要管理措施。

2. 工程材料

工程材料是指构成工程实体的各类建筑材料、构配件、半成品等,它是工程建设的物质条件,是工程质量的基础。工程材料选用是否合理、产品是否合格、材质是否经过检验、保管使用是否得当等,都直接影响建设工程结构的强度和刚度、影响工程外表及观感、影响工程的使用功能、影响工程的使用安全。

3. 机械设备

机械设备可分为两类:一是指组成工程实体及配套的工艺设备和各类机具,如电梯、炒栗机、通风设备等,它们构成了建筑设备安装工程或工业设备安装工程,形成完整的使用功能。二是指施工过程中使用的各类机具设备,包括大型垂直与横向运输设备、各类操作工具、各种施工安全设施、各类测量仪器和计量器具等,简称施工机具设备,它们是施工生产的手段。机具设备对工程质量也有重要的影响。工程用机具设备产品的质量优劣,直接影响工程使用功能质量。施工机具设备的类型是否符合工程施工特点,性能是否先进稳定,操作是否方便安全等,都会影响工程项目的质量。

4. 方法

方法是指施工方案、施工工艺和操作方法。在工程施工中,施工方案是否合理,施工工艺是否先进,施工操作是否正确,都将对工程质量产生重大的影响。大力推进采用新技术、新工艺、新方法,不断提高工艺技术水平,是保证工程质量稳定提高的重要因素。

5. 环境条件

环境条件是指对工程质量特性起重要作用的环境因素,包括工程技术环境,如工程地质、水文、气象等;工程作业环境,如施工环境作业面大小、防护设施、通风照明和通信条件等;工程管理环境,主要指工程实施的合同结构与管理关系的确定、组织体制及管理制度等;周边环境,如工程邻近的地下管线、建(构)筑物等。环境条件往往对工程质量产生特定的影响。加强环境管理,改进作业条件,把握好技术环境,辅以必要的措施,是控制环境对质量影响的重要保证。

四、建筑工程质量的特点

建筑工程质量的特点是由建筑工程本身和建设生产的特点决定的。其特点如下:一是产品的固定性,生产的流动性;二是产品多样性、生产的单件性;三是产品形体庞大、高投入、生产周期长、具有风险性;四是产品的社会性、生产的外部约束性。

(一)影响因素多

建筑工程质量受到多种因素的影响,如决策、设计、材料、机具设备、施工方法、施工工艺、技术措施、人员素质、工期、工程造价等,这些因素直接或间接地影响工程项目质量。

(二)质量波动大

由于建筑生产的单件性、流动性,不像一般工业产品的生产那样,有固定的生产流水线、有规范化的生产工艺和完善的检测技术、有成套的生产设备和稳定的生产环境,因此工程质量容易产生波动且波动大。同时由于影响工程质量的偶然性因素和系统性因素比较多,其中任一因素发生变动,都会使工程质量产生波动,如材料规格品种使用错误、施工方法不当、操作未按规程进行、机械设备过度磨损或出现故障、设计计算失误等,都会发生质量波动,产生系统因素的质量变异,造成工程质量事故。为此,要严防出现系统性因素的质量变异,要把质量波动控制在偶然性因素范围内。

(三)质量隐蔽性

建筑工程在施工过程中,分项工程交接多、中间产品多、隐蔽工程多,因此质量存在隐蔽性。若在施工中不及时进行质量检查,事后只能从表面上检查,这样很难发现内在的质量问题,进而容易产生判断错误,即第二类判断错误(将不合格品误认为合格品)。

(四)终检的局限性

工程项目建成后不可能像一般工业产品那样依靠终检来判断产品质量,或将产品拆卸、解体来检查其内在的质量,或对不合格零部件进行更换。工程项目的终检(竣工验收)无法进行工程内在质量的检验,发现隐蔽的质量缺陷。因此,工程项目的终检存在一定的局限性。这就要求工程质量控制应以预防为主,防患于未然。

(五)评价方法的特殊性

工程质量的检查评定及验收是按检验批、分项工程、分部工程、单位工程进行的。检验批的质量是分项工程乃至整个工程质量检验的基础,检验批合格质量主要取决于主控项目和一般项目经抽样检验的结果。隐蔽工程在隐蔽前要检查合格后验收,涉及结构安全的试块、试件以及有关材料,应按规定进行见证取样检测,涉及结构安全和使用功能的重要分部工程要进行抽样检测。工程质量是在施工单位按合格质量标准自行检查评定的基础上,由监理工程师(或建设单位项目负责人)组织有关单位、人员进行检验确认验收。这种评价方法体现了“验评分离、强化验收、完善手段、过程控制”的指导思想。

第二节　系统工程质量管理与质量控制

中华人民共和国《建设工程质量管理条例》(2000 年中华人民共和国国务院令第 279 号)中指出:建设工程是指土木工程、建筑工程、线路管道和设备安装工程及装修工程。可见建筑工程是建设工程的重要组成部分。

中华人民共和国《建设工程质量管理条例》还指出:建设单位、勘察单位、设计单位、施工单位、工程监理单位依法对建设工程质量负责。因此,建筑工程质量管理就涉及在建设建筑工程过程中所有与建筑工程有关的建设、勘察、设计、施工、监理等各个单位。要遵守《建设工程质量管理条例》提出的从事建设工程活动,必须严格执行基本建设程序,坚持先勘察、后设计、再施工的原则。要严格对建筑工程进行质量管理和质量控制。

一、建筑工程质量管理

建筑工程质量要从源头抓起,要明确各相关单位的工作职责和义务,要严格按照中华人民共和国《建设工程质量管理条例》执行。《建设工程质量管理条例》规定了建设、勘察、设计、施工、监理等单位的质量管理责任和义务。

(一)建设单位质量管理的责任和义务

(1)建设单位应当将工程发包给具有相应资质等级的单位。建设单位不得将建设工程肢解发包。

(2)建设单位应当依法对工程建设项目的勘察、设计、施工、监理以及与工程建设有关的重要设备、材料等的采购进行招标。

(3)建设单位必须向有关的勘察、设计、施工、工程监理等单位提供与建设工程有关的原始资料。原始资料必须真实、准确、齐全。

(4)建设工程发包单位不得迫使承包方以低于成本的价格竞标,不得任意压缩合理工期。建设单位不得明示或者暗示设计单位或者施工单位违反工程建设强制性标准,降低建设工程质量。

(5)建设单位应当将施工图设计文件报县级以上人民政府建设行政主管部门或者其他有关部门审查。施工图设计文件审查的具体办法,由国务院建设行政主管部门会同国务院其他有关部门制定。施工图设计文件未经审查批准的,不得使用。

(6)实行监理的建设工程,建设单位应当委托具有相应资质等级的工程监理单位进行监理,也可以委托具有工程监理相应资质等级并与被监理工程的施工承包单位没有隶属关系或者其他利害关系的该工程的设计单位进行监理。下列建设工程必须实行监理:①国家重点建设工程;②大中型公用事业工程;③成片开发建设的住宅小区工程;④利用外国政府或者国际组织贷款、援助资金的工程;⑤国家规定必须实行监理的其他工程。

(7)建设单位在领取施工许可证或者开工报告前,应当按照国家有关规定办理工程质量监督手续。

(8)按照合同约定,由建设单位采购建筑材料、建筑构配件和设备的,建设单位应当保证建筑材料、建筑构配件和设备符合设计文件和合同要求。建设单位不得明示或者暗示施工单位使用不合格的建筑材料、建筑构配件和设备。

(9)涉及建筑主体和承重结构变动的装修工程,建设单位应当在施工前委托原设计单位或者具有相应资质等级的设计单位提出设计方案;没有设计方案的,不得施工。房屋建筑使用者在装修过程中,不得擅自变动房屋建筑主体和承重结构。

(10)建设单位收到建设工程竣工报告后,应当组织设计、施工、工程监理等有关单位进行竣工验收。建设工程竣工验收应当具备下列条件:①完成建设工程设计和合同约定的各项内容;②有完整的技术档案和施工管理资料;③有工程使用的主要建筑材料、建筑构配件和设备的进场试验报告;④有勘察、设计、施工、工程监理等单位分别签署的质量合格文件;⑤有施工单位签署的工程保修书。

建设工程经验收合格的,方可交付使用。

(11)建设单位应当严格按照国家有关档案管理的规定,及时收集、整理建设项目各环节的文件资料,建立、健全建设项目档案,并在建设工程竣工验收后,及时向建设行政主管部门或者其他有关部门移交建设项目档案。

(二)勘察、设计单位质量管理的责任和义务

(1)从事建设工程勘察、设计的单位应当依法取得相应等级的资质证书,并在其资质等级许可的范围内承揽工程。禁止勘察、设计单位超越其资质等级许可的范围或者以其他勘察、设计单位的名义承揽工程。禁止勘察、设计单位允许其他单位或者个人以本单位的名义承揽工程。勘察、设计单位不得转包或者违法分包所承揽的工程。

(2)勘察、设计单位必须按照工程建设强制性标准进行勘察、设计,并对其勘察、设计的质量负责。注册建筑师、注册结构工程师等注册执业人员应当在设计文件上签字,对设计文件负责。

(3)勘察单位提供的地质、测量、水文等勘察成果必须真实、准确。

(4)设计单位应当根据勘察成果文件进行建设工程设计。设计文件应当符合国家规定的设计深度要求,注明工程合理使用年限。

(5)设计单位在设计文件中选用的建筑材料、建筑构配件和设备,应当注明规格、型号、性能等技术指标,其质量要求必须符合国家规定的标准。除有特殊要求的建筑材料、专用设备、工艺生产线等外,设计单位不得指定生产厂、供应商。

(6)设计单位应当就审查合格的施工图设计文件向施工单位做出详细说明。

(7)设计单位应当参与建设工程质量事故分析,并对因设计造成的质量事故,提出相应的技术处理方案。

(三)施工单位质量管理的责任和义务

(1)施工单位应当依法取得相应等级的资质证书,并在其资质等级许可的范围内承揽工程。禁止施工单位超越本单位资质等级许可的业务范围或者以其他施工单位的名义承揽工程。禁止施工单位允许其他单位或者个人以本单位的名义承揽工程。施工单位不得转包或者违法分包工程。

(2)施工单位对建设工程的施工质量负责。施工单位应当建立质量责任制,确定工程项目的项目经理、技术负责人和施工管理负责人。建设工程实行总承包的,总承包单位应当对全部建设工程质量负责;建设工程勘察、设计、施工、设备采购的一项或者多项实行总承包的,总承包单位应当对其承包的建设工程或者采购的设备的质量负责。

(3)总承包单位依法将建设工程分包给其他单位的,分包单位应当按照分包合同的约定对其分包工程的质量向总承包单位负责,总承包单位与分包单位对分包工程的质量承担连带责任。

(4)施工单位必须按照工程设计图纸和施工技术标准施工,不得擅自修改工程设计,不得偷工减料。施工单位在施工过程中发现设计文件和图纸有差错的,应当及时提出意见和建议。

(5)施工单位必须按照工程设计要求、施工技术标准和合同约定,对建筑材料、建筑构配件、设备和商品混凝土进行检验,检验应当有书面记录和专人签字;未经检验或者检验不合格的,不得使用。

(6)施工单位必须建立、健全施工质量的检验制度,严格工序管理,做好隐蔽工程的质量检查和记录。隐蔽工程在隐蔽前,施工单位应当通知建设单位和建设工程质量监督机构。

(7)施工人员对涉及结构安全的试块、试件以及有关材料,应当在建设单位或者工程监理单位监督下现场取样,并送具有相应资质等级的质量检测单位进行检测。

(8)施工单位对施工中出现质量问题的建设工程或者竣工验收不合格的建设工程,应当负责返修。

(9)施工单位应当建立、健全教育培训制度,加强对职工的教育培训;未经教育培训或者考核不合格的人员,不得上岗作业。

(四)工程监理单位质量管理的责任和义务

(1)工程监理单位应当依法取得相应等级的资质证书,并在其资质等级许可的范围内承担工程监理业务。禁止工程监理单位超越本单位资质等级许可的范围或者以其他工程监理单位的名义承担工程监理业务。禁止工程监理单位允许其他单位或者个人以本单位的名义承担工程监理业务。工程监理单位不得转让工程监理业务。

(2)工程监理单位与被监理工程的施工承包单位以及建筑材料、建筑构配件和设备供应单位有隶属关系或者其他利害关系的,不得承担该项建设工程的监理业务。

(3)工程监理单位应当依照法律、法规以及有关技术标准、设计文件和建设工程承包合同,代表建设单位对施工质量实施监理,并对施工质量承担监理责任。

(4)工程监理单位应当选派具备相应资格的总监理工程师和监理工程师进驻施工现场。未经监理工程师签字,建筑材料、建筑构配件和设备不得在工程上使用或者安装,施工单位不得进行下一道工序的施工。未经总监理工程师签字,建设单位不拨付工程款,不进行竣工验收。

(5)监理工程师应当按照工程监理规范的要求,采取旁站、巡视和平行检验等形式,对建设工程实施监理。

二、建筑工程质量控制

建筑工程质量控制是建筑工程质量管理的重要组成部分,其目的是使建筑工程或其建设过程的固有特性达到规定的要求,即满足顾客、法律、法规等方面所提出的质量要求(如适用性、安全性等)。所以,建筑质量控制是通过采取一系列的作业技术和活动对各个过程实施控制的。

建筑工程质量控制的工作内容包括作业技术和活动,即专业技术和管理技术两个方面。围绕产品形成全过程每一阶段的工作如何能保证做好,应对影响其质量的因素进行控制,并对质量活动的成果进行分阶段验证,以便及时发现问题,查明原因,采取相应纠正措施,防止质量不合格的现象发生。因此,质量控制应贯彻预防为主与检验把关相结合的原则。

建筑工程质量控制应贯穿在产品形成和体系运行的全过程。每一过程都有输入、转换和输出三个环节,通过对每一个过程中的三个环节实施有效控制,确保对产品质量有影响的各个过程处于受控状态,才能持续提供符合规定要求的产品。

建筑工程质量控制是指致力于满足工程质量要求,也就是为了保证工程质量满足工程合同、规范标准所采取的一系列措施、方法和手段。工程质量要求主要表现为工程合同、设计文件、技术规范标准规定的质量标准。

(一)工程质量控制按其实施主体不同,分为自控主体和监控主体

自控主体是指直接从事质量职能的活动者;监控主体是指对他人质量能力和效果的监控者,主要包括以下四个方面。

1. 政府的工程质量控制

政府属于监控主体,它主要是以法律法规为依据,通过抓工程报建、施工图设计文件审查、施工许可、材料和设备准用、工程质量监督、重大工程竣工验收备案等主要环节进行的。

2. 工程监理单位的质量控制

工程监理单位属于监控主体,它主要是受建设单位的委托,代表建设单位对工程实施全过程进行的质量监督和控制,包括勘察设计阶段质量控制、施工阶段质量控制,以满足建设单位对工程质量的要求。

3. 勘察设计单位的质量控制

勘察设计单位属于自控主体,它是以法律、法规及合同为依据,对勘察设计的整个过程进行控制,包括工作程序、工作进度、费用及成果文件所包含的功能和使用价值,以满足建设单位对勘察设计质量的要求。

4. 施工单位的质量控制

施工单位属于自控主体,它是以工程合同、设计图纸和技术规范为依据,对施工准备阶段、施工阶段、竣工验收交付阶段等施工全过程的工作质量和工程质量进行控制,以达到合同文件规定的质量要求。

(二)工程质量控制按工程质量形成过程,包括全过程各阶段的质量控制

1. 决策阶段的质量控制

主要是通过项目的可行性研究,选择最佳建设方案,使项目的质量要求符合业主的意图,并与投资目标相协调,与所在地区环境相协调。

2. 工程勘察设计阶段的质量控制

主要是要选择好勘察设计单位,要保证工程设计符合决策阶段确定的质量要求,保证设计符合有关技术规范和标准的规定,要保证设计文件、图纸符合现场和施工的实际条件,确保其深度能满足施工的需要。

3. 工程施工阶段的质量控制

一是择优选择能保证工程质量的施工单位;二是严格监督承建商按设计图纸进行施工,并形成符合合同文件规定质量要求的最终建筑产品。

第三节　工程质量的管理体制

一、工程质量政府监督管理体制及管理职能

（一）监督管理体制

国家实行建设工程质量监督管理制度。国务院建设行政主管部门对全国的建设工程质量实施统一监督管理。国务院铁路、交通、水利等有关部门按照国务院规定的职责分工，负责对全国的有关专业建设工程质量的监督管理。县级以上地方人民政府建设行政主管部门对本行政区域内的建设工程质量实施监督管理。县级以上地方人民政府交通、水利等有关部门在各自的职责范围内，负责对本行政区域内的专业建设工程质量的监督管理。

建设工程质量监督管理，可以由建设行政主管部门或者其他有关部门委托的建设工程质量监督机构具体实施。从事房屋建筑工程和市政基础设施工程质量监督的机构，必须按照国家有关规定经国务院建设行政主管部门或者省、自治区、直辖市人民政府建设行政主管部门考核；从事专业建设工程质量监督的机构，必须按照国家有关规定经国务院有关部门或者省、自治区、直辖市人民政府有关部门考核。经考核合格后，方可实施质量监督。

（二）管理职能

工程质量监督机构履行的职责有以下几个方面。

（1）贯彻有关建设工程质量方面的法律、法规。

（2）执行国家和省有关建设工程质量方面的规范、标准。

（3）对建设工程质量责任主体的质量行为实施监督。

（4）对下级工程质量监督机构实行层级监督和业务指导。

（5）组织建设工程质量执法检查。

（6）巡查、抽查建设工程实体质量。

（7）参与建设工程质量事故处理。

（8）调解在建建设工程和保修期内的建设工程质量纠纷，受理对建设工程质量的投诉。

（9）监督建设工程竣工验收活动，办理建设工程竣工验收备案手续。

工程质量监督机构应当自接到建设单位报送的建设工程质量监督注册合格文件之日起三个工作日内办结建设工程质量监督注册手续。未履行建设工程质量监督注册手续的，建

设行政主管部门不予发放施工许可证,有关部门不得发放开工报告。

二、建设工程质量监督注册

(一)办理建设工程质量监督注册手续

建设单位在领取建设工程施工许可证或者开工报告前,应当向建设工程所在地的工程质量监督机构申请办理建设工程质量监督注册手续,并提交下列文件。

(1)建设工程施工合同。

(2)建设单位、施工单位的负责人和项目机构组成。

(3)施工现场项目负责人、技术人员的资质证书和质量检查人员的岗位证书。

(4)施工组织设计。

(5)施工图设计文件审查报告和批准书。

(6)建设工程消防设计审查合格书面证明文件。

(7)其他有关法律、法规规定的文件。

(二)实行建设工程监理的,还应当同时提交的文件

(1)建设工程监理合同。

(2)现场建设工程监理人员的注册执业证书。

(3)监理单位建设工程项目的负责人和机构组成。

(4)建设工程监理规划。

《黑龙江省建设工程质量监督管理条例》指出:工程质量监督机构应当自接到建设单位报送的建设工程质量监督注册合格文件之日起一个工作日内办结建设工程质量监督注册手续。未履行建设工程质量监督注册手续的,建设行政主管部门不予发放施工许可证,有关部门不得发放开工报告。

工程质量监督机构办结建设工程质量监督注册手续后,应当及时制订《建设工程项目质量监督工作方案》,确定监督责任人员。工程质量监督机构对建设工程项目实施质量监督前,应当将《建设工程项目质量监督工作方案》送达建设单位、施工单位和监理单位,并对相关单位进行技术交底。

三、建设工程质量行为的监督

(1)建设工程项目在建设过程中,公安消防、人民防空、环境保护、燃气、供热、给排水、电气、信息、智能、电梯等专项配套建设工程应当与建设项目主体建设工程同步设计、同步施工、同步验收。

(2)建设单位要求施工单位提供建设工程质量担保的,应当同时向施工单位提供建设工程价款支付担保。

(3)建设单位应当在开工前将全套施工图设计文件送交施工图审查单位,并提交下列文件:①作为勘察、设计依据的政府有关部门的批准文件及附件;②建设工程项目勘察成果报告;③建设工程结构设计计算书和建设工程节能计算书;④有关专项配套建设工程施工图设计文件及审查合格意见。按规定需要进行初步设计的建设工程项目,还应当提供初步设计文件。

(4)下列建设工程项目的地基基础、主体结构、重要设备安装的施工阶段,设计单位应当向施工现场派驻设计代表:①国家和省重点建设工程;②大型公共建筑、市政基础设施建设工程;③超限高层建设工程;④专业技术性较强,需要设计单位指导施工的建设工程;⑤设计单位建议采用新技术、新结构的建设工程。施工现场设计代表的责任和酬金应当在设计合同中约定。

(5)建设工程施工所使用的建筑材料、建筑构配件和设备应当符合下列要求:①符合国家和省有关标准、设计要求和合同约定;②有产品出厂质量证明文件和具有相应资质的检测单位出具的检测合格报告;③有国家实行生产许可证管理产品的生产许可证;④符合国家和省规定的其他有关产品质量要求。建筑材料和建筑装修材料还应当符合国家规定的环境保护标准。

(6)施工单位因使用不合格建筑材料、建筑构配件导致建设工程质量事故,由其承担质量责任。但因建设单位、监理单位明示或者暗示施工单位使用不符合国家标准和设计文件要求的建筑材料、建筑构配件和设备,导致建设工程出现质量隐患或者事故的,建设单位应当承担相应的质量责任。

(7)监理建设工程师应当严格按照建设工程监理规范履行职责。地基基础、主体结构的关键部位和关键工序的施工阶段应当实行全过程无间断旁站监理,并留存影像资料。

(8)监理单位应当在分部工程、单位建设工程完工后五个工作日内出具真实、完整的建设工程质量评估报告和其他监理文件。进入施工现场的建筑材料、建筑构配件和设备,未经监理人员签字同意的不得使用。监理单位对违反建设工程建设技术标准、质量标准的行为以及发现建设工程质量事故隐患,应当立即通知责任单位采取措施予以处理,并同时通报建设单位。责任单位对建设工程质量事故隐患拒不处理的,监理单位应当报告工程质量监督机构。

(9)建设工程质量检测单位应当依据国家和省有关标准、规定进行检测,所出具的检测数据和结论应当真实、准确。建设工程质量检测单位对经检测不合格的检测项目应当立即通知委托检测的单位,同时报告建设工程所在地的工程质量监督机构。

(10)施工图审查单位对违反国家强制性规范和强制性标准的施工图设计文件,应当提出明确的修改意见。对所报送的施工图设计审查文件不符合规定的,施工图审查单位不得审查。任何单位和个人不得擅自修改审查合格的施工图。确需修改审查部分的,建设单位应当将修改后的施工图送原审查单位审查。

四、建设工程竣工验收监督

(1)施工单位通过自检认定建设工程项目达到竣工条件的,应当向建设单位提交建设工程竣工报告,同时送交建设工程质量控制资料和建设工程技术资料,并在建设工程竣工验收合格后出具《建设工程质量保修书》。实行监理的工程,工程竣工报告须经总监理工程师签署意见。

(2)建设单位组织竣工验收前,应当向城市规划、公安消防、环境保护、人民防空等主管部门提出建设工程的竣工认可申请,城市规划、公安消防、环境保护、人民防空等主管部门应当在法定期限内出具是否认可或者准许使用的文件。城市规划部门做出的认可意见应当签署在《建设工程规划许可证》的附图及附件名称栏中。

(3)建设单位应当按照规划设计对住宅小区附属设施组织竣工验收。验收时应当邀请业主代表参加,并由业主代表签署验收意见。

(4)建设单位应当在接到施工单位所提交的建设工程竣工报告之日起十个工作日内组织有关单位进行建设工程竣工验收。建设工程竣工验收开始前,建设单位应当书面报告工程质量监督机构。工程质量监督机构应当对建设工程竣工验收程序进行监督。建设工程竣工验收没有书面报告工程质量监督机构的,工程质量监督机构不予办理建设工程竣工验收备案手续。

(5)建设工程竣工经验收合格后,建设单位应当自工程竣工验收合格之日起十五日内到建设工程所在地的工程质量监督机构办理备案手续。建设单位申请办理备案手续时,应当同时提交下列文件:①建设工程竣工验收报告;②有关行政主管部门对专项建设工程的认可和准许使用文件;③参与验收的业主代表签署的认可意见;④监理单位出具的建设工程质量评估报告;⑤建设工程质量保修书;⑥设计单位和施工图审查单位出具的认可文件;⑦法律、法规规定的其他文件。住宅建设工程项目还应当提交《住宅质量保修书》《住宅使用说明书》和《分户验收证明》。建设单位提交的文件不符合本条第二款、第三款规定的,工程质量监督机构应当一次性告知;符合规定的,工程质量监督机构应当在五个工作日内向其发放《建设工程竣工验收备案证书》。

《黑龙江省建设工程质量监督管理条例》指出:建设工程交付使用前,应当取得工程质量监督机构核发的《建设工程竣工验收备案证书》,否则不得交付使用。房屋建筑建设工程未取得《建设工程竣工验收备案证书》的,房屋所有权登记机关不得办理房屋所有权登记手续。

第四节　质量管理体系标准

随着市场经济的不断发展，产品质量已成为市场竞争的焦点，企业直接面对市场竞争的挑战。产品认证和体系认证的最终目的是促进产品的质量不断提高，最后形成质量管理和质量保证体系。这一目的体现了从计划经济体制到市场经济体制两种不同质量意识与观念的转变。首先，是从产品经济的“符合性”质量观，转变到商品经济的“适用性”质量观；对商品质量的要求从符合标准和提高合格率的小质量范围，转变到商品的结构、功能、款式、品种、包装、价格、安全、可靠、遵守合同、售后服务和不断优化的质量保证体系的大质量范围上来，以“富有魅力的质量”使市场适应消费者现实与潜在的需要。其次，体现了全面、全方位的质量观。市场经济条件下的质量要求，既包括产品形成全过程的质量，也包括管理全过程的决策质量和经济质量，以“让顾客满意”为目的。因此，在市场经济体制下，企业能够力求变“被动服务”为“主动服务”，时刻想到产品是否适销对路，备品与备件供应是否充足，问题的处理是否及时周到，切实为用户提供全过程和全方位的优质服务，树立“良好的服务等于企业长远利益”的观念。这种实物质量与价值质量的统一，恰恰反映了社会主义市场经济的重要特征和客观要求。最后，体现了“国际型”和“竞争性”质量观。质量认证是一项国际通行的评价制度，也是我国唯一与国际惯例接轨的质量监督制度。随着市场向国际化发展，企业的质量管理也要按国际惯例运作，产品认证和体系认证的依据是等同于国际标准的国家标准或行业标准，这样有助于产品质量及质量管理向达到和超过国际先进水平方面努力。

从认证的发展进程看，由最初的产品认证至目前实施的质量管理体系认证，反映了世界各国对产品质量问题的共识：技术和管理都是确保产品质量的基础，仅有技术和技术规范而没有建立健全的质量认证体系，技术规范是难以确保实现的，产品质量也难以得到保证。ISO 9000 族标准是国际标准化组织（ISO）在总结了世界经济发达国家的质量管理经验，于 1987 年正式发布的系列国际标准，它使世界范围内在质量管理和质量保证的领域中有了共同语言。该系列标准是国际市场经济高度发展的产物，市场经济的发展将发挥巨大的推动作用。首先，ISO 9000 系列标准由若干个标准组成，ISO 9000 是质量管理和质量保证的选用指南，它给企业提供了一套完整化、规范化、程序化和文件化的管理标准，属指导性标准；而 ISO 9001—ISO 9003 则是 3 个用于认证的质量模式。ISO 9001 包含从设计、开发、生产到安装和服务的各个阶段的 20 个质量体系要素，为供方在上述各阶段提供质量保证；ISO 9002 包含生产、安装和服务的 19 个要素；ISO 9003 是最终检验和试验的质量保证模式，包含 16 个要素。它们分别代表 3 种不同环境，是从需方的要求出发，通过第三方认证后，使需方对供方的产品及服务建立信心。其次，ISO 9000 把质量管理的 4 个基石列入控制：一是文件控制。这是 ISO 9000 整个质量体系建立和运作的依据，是质量管理标准化的保证。二是内部质量审核。其职能是对内部产品、过程及体系质量不断进行自我“诊断”。三是管理复审。

即领导层对整个质量体系的活动（包括内部审核、客户投诉及整改）的实施性、有效性做综合评价，并提出改进措施。四是纠正和预防措施。质量认证体系能够为实施质量管理提供所需的组织结构、程序、过程和衡量标准，是不断变化的动态指标。ISO 9000 强调出现问题后，应对问题刨根问底，提出解决的办法。上述 4 个要素环环相扣，形成了一个不可分割的整体，提供了实现有序、有效的质量管理的方法指导。

一、标准的基本概念

国际标准化组织（ISO）在 2-1991《标准化和有关领域的通用术语及其定义》中对标准的定义规定如下：

标准是指“为在一定的范围内获得最佳秩序，对活动和其结果规定共同的和重复使用的规则、指导原则或特性文件。该文件经协商一致制订并经一个公认机构的批准。”（注：标准应该以科学、技术和经验的综合成果为基础，并以促进最大社会效益为目的。）

我国对标准的定义基本与 ISO 的定义相同。我国在 GB/T 20000. 1—2002 中对标准的定义是：“为在一定的范围内获得最佳秩序，经协商一致制订并由公认机构批准，共同使用的和重复使用的一种规范性文件。该文件经协商一致并经一个公认的机构批准。”

上述定义包含以下几个方面的含义。

（1）标准的本质属性是一种“统一规定”。这种统一规定是作为有关各方“共同遵守的准则和依据”。根据中华人民共和国标准化法规定，我国标准分为强制性标准和推荐性标准两类。强制性标准必须严格执行，做到全国统一。推荐性标准是国家鼓励企业自愿采用的。但推荐性标准如经协商，并计入经济合同或企业向用户做出明示担保，有关各方则必须执行，做到统一。

（2）标准制订的对象是重复性事物和概念。这里讲的“重复性”指的是同一事物或概念反复多次出现的性质。例如批量生产的产品在生产过程中的重复投入、重复加工、重复检验等；同一类技术管理活动中反复出现同一概念的术语、符号、代号等被反复利用等。只有当事物或概念具有重复出现的特性并处于相对稳定时才有制订标准的必要，使标准作为今后实践的依据，以最大限度地减少不必要的重复劳动，又能扩大“标准”重复利用范围。

（3）标准产生的客观基础是“科学、技术和实践经验的综合成果”。这就是说标准既是科学技术成果，又是实践经验的总结，并且这些成果和经验都是经过分析、比较、综合和验证基础上，加之规范化，只有这样制订出来的标准才能具有科学性。

（4）制订标准过程要“经有关方面协商一致”，就是制订标准要发扬技术民主，与有关方面协商一致，做到“三稿定标”即征求意见稿、送审稿、报批稿。如制订产品标准不仅要有生产部门参加，还应当有用户、科研、检验等部门参加共同讨论研究，“协商一致”，这样制订出来的标准才具有权威性、科学性和适用性。

（5）标准文件有其特定格式和制订颁布的程序。标准的编写、印刷、幅面格式和编号、发布的统一，既可保证标准的质量，又便于资料管理，体现了标准文件的严肃性。所以，标准必须“由主管机构批准，以特定形式发布”。标准从制订到批准发布的一整套工作程序和审批制度,是使标准本身具有法规特性的表现。

二、ISO 9000:2000 族标准的产生及修订

1979 年,国际标准化组织(ISO)成立了第 176 技术委员会(ISO/TC 176),负责制订质量管理和质量保证标准。ISO/TC176 的目标是“要让全世界都接受和使用 ISO 9000 标准,为提高组织的动作能力提供有效的方法;增进国际贸易,促进全球的繁荣和发展;使任何机构和个人,可以有信心从世界各地得到任何期望的产品,以及将自己的产品顺利地销到世界各地。”

1986 年,ISO/TCH6 发布了 ISO 8402:1986《质量管理和质量保证术语》;1987 年发布了 ISO 9000:1987《质量管理和质量保证选择和使用指南》、ISO 9001:1987《质量体系设计、开发、生产、安装和服务的质量保证模式》、ISO 9002:1987《质量体系生产、安装和服务的质量保证模式》、ISO 9003:1987《质量体系最终检验和试验的质量保证模式》以及 ISO 9004:1987《质量管理和质量体系要素指南》。这 6 项国际标准统称为 1987 版 ISO 9000 系列国际标准。1990 年,ISO/TC176 技术委员会开始对 ISO 9000 系列标准进行修订,并于 1994 年发布了 ISO 8402:1994,ISO 9000—1:1994,ISO 9001:1994,ISO 9002:1994,ISO 9003:1994,ISO 9004—1:1994 等 6 项国际标准,统称为 1994 版 ISO 9000 族标准,这些标准分别取代 1987 版 6 项 ISO 9000 系列标准。随后,ISO 9000 族标准进一步扩充到包含 27 个标准和技术文件的庞大标准“家族”。

ISO 9001:2000 标准自 2000 年发布之后,ISO/TC 176/SC2 一直在关注跟踪标准的使用情况,不断地收集来自各方面的反馈信息。这些反馈多数集中在两个方面:一是 ISO 9001:2000 标准部分条款的含义不够明确,不同行业和规模的组织在使用标准时容易产生歧义;二是与其他标准的兼容性不够。到了 2004 年 ISO/TC176/SC2 在其成员中就 ISO 9001:2000 标准组织了一次正式的系统评审,以便决定 ISO 9001:2000 标准是应该撤销、维持不变还是进行修订或换版,最后大多数意见是修订。与此同时,ISO/TC 176/SC2 还就 ISO 9001:2000 和 ISO 9001:2004 的使用情况进行了广泛的“用户反馈调查”。之后,基于系统评审和用户反馈调查结果,ISO/TC176/SC2 依据 ISO/Guide72:2001 的要求对 ISO 9001 标准的修订要求进行了充分的合理性研究,并于 2004 年向 ISO/TC176 提出了启动修订程序的要求,并制订了 ISO 9001 标准修订规范草案。该草案在 2007 年 6 月作了最后一次修订。修订规范规定了 ISO 9001 标准修订的原则、程序、修订意见收集时限和评价方法及工具等,是 ISO 9001 标准修订的指导文件。目前,ISO 9001:2008《质量管理体系要求》国际标准已于 2008 年 11 月 15 日正式发布。

三、质量管理体系的基础

(一)质量管理的原则

1. 以顾客为中心

组织依存于顾客。因此,组织应理解顾客当前的和未来的需求,满足顾客要求并争取超

越顾客期望。顾客是每一个组织存在的基础,顾客的要求是第一位的,组织应调查和研究顾客的需求和期望,并把它转化为质量要求,采取有效措施使其实现。这个指导思想不仅领导要明确,还要在全体职工中贯彻。

2. 领导作用

领导必须将本组织的宗旨、方向和内部环境统一起来,并创造使员工能够充分参与实现组织目标的环境。领导的作用,即最高管理者具有决策和领导一个组织的关键作用。为了营造一个良好的环境,最高管理者应建立质量方针和质量目标,确保关注顾客要求,确保建立和实施一个有效的质量管理体系,确保应有的资源,并随时将组织运行的结果与目标比较,根据情况决定实现质量方针,目标的措施,决定持续改进的措施。在领导作风上还要做到透明、务实和以身作则。

3. 全员参与

各级人员是组织之本,只有他们的充分参与,才能使他们的才干为组织带来最大的收益。全体职工是每个组织的基础。组织的质量管理不仅需要最高管理者的正确领导,还有赖于全员的参与。所以要对职工进行质量意识、职业道德、以顾客为中心的意识和敬业精神的教育,且还要激发他们的积极性和责任感。

4. 过程方法

将相关的资源和活动作为过程进行管理,可以更高效地得到期望的结果。过程方法的原则不仅适用于某些简单的过程,也适用于由许多过程构成的过程网络。在应用于质量管理体系时,2008 版 ISO 9001 标准建立了一个过程方法模式,即 PDCA(Plan—计划,Do—执行,Check—检查,Act—处理)。

5. 管理的系统方法

针对设定的目标,识别、理解并管理一个由相互关联的过程所组成的体系,有助于提高组织的有效性和效率。这种建立和实施质量管理体系的方法,既可用于新建体系,也可用于现有体系的改进。此方法的实施可在以下三个方面受益:一是提供对过程能力及产品可靠性的信任;二是为持续改进打好基础;三是使顾客满意,最终使组织获得成功。

6. 持续改进

持续改进是组织的一个永恒的目标。在质量管理体系中,改进指产品质量、过程及体系有效性和效率的提高,持续改进包括了解现状;建立目标;寻找、评价和实施解决办法;测量、验证和分析结果,把更改纳入文件等活动。

7. 基于事实的决策方法

对数据和信息的逻辑分析或直觉判断是有效决策的基础。以事实为依据做决策,可防止决策失误。在对信息和资料做科学分析时，统计技术是最重要的工具之一。统计技术可用来测量、分析和说明产品和过程的变异性，也可以为持续改进的决策提供依据。

8. 互利的供方关系

通过互利的关系，增强组织及其供方创造价值的能力。供方提供的产品会对组织向顾客提供满意的产品产生重要影响，因此处理好与供方的关系，影响组织能否持续稳定地提供顾客满意的产品。对供方不能只讲控制不讲合作互利，特别对关键供方，更要建立互利关系，这对组织和供方都有利。

（二）质量管理体系的基础

1. 质量管理体系的理论说明

质量管理体系能够帮助组织增强顾客满意度。顾客要求产品具有满足其需求和期望的特性，这些需求和期望在产品规范中表述，并集中归结为顾客要求。顾客要求可以由顾客以合同方式规定或由组织自己确定。在任一情况下，产品是否可接受最终由顾客确定。因为顾客的需求和期望是不断变化的，同时竞争的压力和技术的发展，这些都促使组织持续地改进产品和过程。

质量管理体系方法鼓励组织分析顾客要求，规范相关的过程，并使其持续受控，以产出顾客能接受的产品。质量管理体系能提供持续改进的框架，以增加顾客和其他相关方满意的机会。质量管理体系还就组织能够提供持续满足要求的产品，向组织及其顾客提供信任。

2. 质量管理体系要求与产品要求

GB/T 19000 族标准区分了质量管理体系要求和产品要求。

GB/T 19001 规定了质量管理体系要求。质量管理体系要求是通用的适用于所有行业或经济领域，不论其提供何种类别的产品。GB/T 19001 本身并不规定产品要求。

产品要求可由顾客规定，或由组织通过预测顾客的要求规定，或由法规规定。在某些情况下，产品要求和有关过程的要求可包含在诸如技术规范、产品标准、过程标准、合同协议和法规要求中。

3. 质量管理体系方法

建立和实施质量管理体系的方法包括以下步骤：

（1）确定顾客和其他相关方的需求和期望。

（2）建立组织的质量方针和质量目标。

（3）确定实现质量目标必需的过程和职责。

（4）确定和提供实现质量目标必需的资源。

（5）规定测量每个过程的有效性和效率的方法。

(6)应用这些测量方法确定每个过程的有效性和效率。

(7)确定防止不合格并消除产生原因的措施。

(8)建立和应用持续改进质量管理体系的过程。

上述方法也适用于保持和改进现有的质量管理体系。

采用上述方法的组织能对其过程能力和产品质量树立信心,为持续改进提供基础,从而增进顾客和其他相关方满意并使组织成功。

4. 过程方法

任何使用资源将输入转化为输出的单个活动或一组活动可视为一个过程。

为使组织有效运行,必须识别和管理许多相互关联和相互作用的过程。通常,一个过程的输出将直接成为下一个过程的输入。系统地识别和管理组织所应用的过程,特别是这些过程之间的相互作用,称为"过程方法"。本标准鼓励采用过程方法管理组织。

由 GB/T 19000 族标准表述的,以过程为基础的质量管理体系模式如图 1-1 所示。该图表明在向组织提供输入方面相关方起重要作用。监视相关方满意程度需要评价有关相关方感受的信息,这种信息可以表明其需求和期望已得到满足的程度。图 1-1 中的模式没有表明更详细的过程。

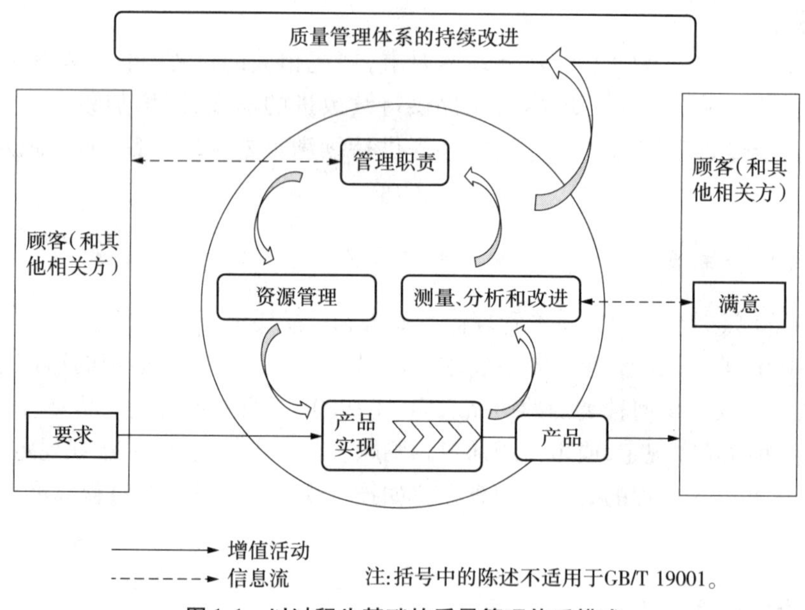

图 1-1 以过程为基础的质量管理体系模式

5. 质量方针和质量目标

建立质量方针和质量目标为组织提供了关注的焦点。两者确定了预期的结果,并帮助组织利用其资源达到这些结果。质量方针为建立和评审质量目标提供了框架。质量目标需要与质量方针和持续改进的承诺相一致,其实现需要是可测量的。质量目标的实现对产品质量、运行有效性和财务业绩都有积极影响,因此对相关方的满意度和信任度也产生积极影响。

6. 最高管理者在质量管理体系中的作用

最高管理者通过其领导作用及各种措施可以创造一个员工充分参与的环境，质量管理体系能够在这种环境中有效运行。最高管理者可以将质量管理原则作为发挥以下作用的基础。

(1)制订并保持组织的质量方针和质量目标。

(2)通过增强员工的意识、积极性和参与程度，在整个组织内促进质量方针和质量目标的实现。

(3)确保整个组织关注顾客要求。

(4)确保实施适宜的措施以满足顾客和其他相关方要求并实现质量目标。

(5)确保建立、实施和保持一个有效的质量管理体系以实现这些质量目标。

(6)确保获得必要资源。

(7)定期评审质量管理体系。

(8)决定有关质量方针和质量目标的措施。

(9)决定改进质量管理体系的措施。

7. 文件

文件是指“信息及其承载媒体”。

(1)文件的价值。文件能够沟通意图、统一行动，其使用有助于：①满足要求和质量改进；②提供适宜的培训；③重复性和可追溯性；④提供客观证据；⑤评价质量管理体系的有效性和持续适宜性。

(2)质量管理体系中使用的文件类型：①向组织内部和外部提供关于质量管理体系的一致信息的文件，这类文件称为质量手册；②表述质量管理体系如何应用于特定产品、项目或合同的文件，这类文件称为质量计划；③阐明要求的文件，这类文件称为规范；④阐明推荐的方法或建议的文件，这类文件称为指南；⑤提供如何一致地完成活动和过程的信息的文件，这类文件包括形成文件的程序、作业指导书和图样；⑥为完成的活动或达到的结果提供客观证据的文件，这类文件称为记录。

每个组织确定其所需文件的多少和详略程度及使用的媒体。这取决于下列因素，诸如组织的类型和规模、过程的复杂性和相互作用、产品的复杂性、顾客要求、适用的法规要求、经证实的人员能力以及满足质量管理体系要求所需证实的程度。

8. 质量管理体系评价

(1)质量管理体系过程的评价：评价质量管理体系时，应对每一个被评价的过程提出如下四个基本问题：①过程是否已被识别并适当规定；②职责是否已被分配；③程序是否得到实施和保持；④在实现所要求的结果方面，过程是否有效。

综合上述问题的答案可以确定评价结果。质量管理体系评价，如质量管理体系审核和质量管理体系评审以及自我评定,在涉及的范围上可以有所不同,并可包括许多活动。

(2)质量管理体系审核:审核用于确定符合质量管理体系要求的程度。审核发现用于评定质量管理体系的有效性和识别改进的机会。

第一,审核用于内部目的,由组织自己或以组织的名义进行,可作为组织自我合格声明的基础。

第二,审核由组织的顾客或由其他人以顾客的名义进行。

第三,审核由外部独立的组织进行。这类组织通常是经认可的,提供符合(如 GB/T 19001)要求的认证或注册。

ISO 19011 提供审核指南。

(3)质量管理体系评审:最高管理者的任务之一是就质量方针和质量目标,有规则地、系统地评价质量管理体系的适宜性、充分性、有效性和效率。这种评审可包括考虑修改质量方针和质量目标的需求以响应相关方需求和期望的变化。评审包括确定采取措施的需求。

审核报告与其他信息源一同用于质量管理体系的评审。

(4)自我评定:组织的自我评定是一种参照质量管理体系或优秀模式对组织的活动和结果所进行的全面和系统的评审。

自我评定可提供一种对组织业绩和质量管理体系成熟程度的总的看法。它还有助于识别组织中需要改进的领域并确定优先开展的事项。

9. 持续改进

持续改进质量管理体系的目的在于增加顾客和其他相关方满意的机会,改进包括下述活动。

(1)分析和评价现状,以识别改进区域。

(2)确定改进目标。

(3)寻找可能的解决方法,以实现这些目标。

(4)评价这些解决办法并做出选择。

(5)实施选定的解决办法。

(6)测量、验证、分析和评价实施的结果,以确定这些目标已经实现。

(7)正式采纳更改。

必要时,对结果进行评审,以确定进一步改进。从这种意义上说,改进是一种持续的活动。顾客和其他相关方的反馈以及质量管理体系的审核和评审均能用于识别改进的机会。

10. 统计技术的作用

应用统计技术可帮助组织了解变异,从而有助于组织解决问题并提高有效性和效率。这些技术也有助于更好地利用可获得的数据进行决策。

在许多活动的状态和结果中,甚至是在明显的稳定条件下,均可观察到变异。这种变异可通过产品和过程可测量的特性观察到,并且在产品的整个寿命周期(从市场调研到顾客服务和最终处置)的各个阶段,均可看到其存在。

统计技术有助于对这类变异进行测量、描述、分析、解释和建立模型,甚至在数据相对有限的情况下也可实现。这种数据的统计分析能帮助我们更好地理解变异的性质、程度和原因,从而有助于解决,甚至防止由变异引起的问题,并促进持续改进。

GB/Z 19027 给出了统计技术在质量管理体系中的指南。

11. 质量管理体系与其他管理体系的关注点

质量管理体系是组织的管理体系的一部分,它致力于使与质量目标有关的结果适当地满足相关方的需求、期望和要求。组织的质量目标与其他目标,如增长、资金、利润、环境及职业卫生与安全等目标相辅相成。一个组织的管理体系的各个部分,连同质量管理体系可以合成一个整体,从而形成使用共有要素的单一的管理体系。这将有利于策划、资源配置、确定互补的目标并评价组织的整体有效性。组织的管理体系可以对照其要求进行评价,也可以对照国家标准如 GB/T 19001 和 GB/T 24001 的要求进行审核,这些审核可分开进行,也可合并进行。

12. 质量管理体系与优秀模式之间的关系

GB/T 19000 族标准和组织优秀模式提出的质量管理体系方法依据下述共同的原则。

(1)使组织能够识别它的强项和弱项。

(2)包含对照通用模式进行评价的规定。

(3)为持续改进提供基础。

(4)包含外部承认的规定。

GB/T 19000 族质量管理体系与优秀模式之间的差别在于它们应用范围不同。GB/T 19000 族标准提出了质量管理体系要求和业绩改进指南,质量管理体系评价可确定这些要求是否得到满足。优秀模式包含能够对组织业绩进行比较评价的准则,并能适用于组织的全部活动和所有相关方。优秀模式评定准则提供了一个组织与其他组织的业绩相比较的基础。

第二章 建筑工程施工质量管理与控制

第一节 建筑工程施工质量控制

一、建筑工程施工阶段的质量控制

建筑工程施工阶段是使业主及工程设计意图最终实现，形成工程实体，以及最终形成工程实体质量的系统过程。建筑工程施工阶段的质量控制可以根据工程实体质量形成的时间段划分为三个阶段。

（一）施工准备的质量控制

施工前的准备阶段进行的质量控制，是指在各工程对象正式施工活动开始前，对各项准备工作及影响质量的各因素和有关方面进行的质量控制。

1. 实行目标管理，完善质量保证体系

各级工程单位及监理单位要把质量控制及管理工作列为重要的工作内容，要树立“百年大计，质量第一”的思想，组织贯彻保证工程质量的各项管理制度，运用全面质量管理的科学管理方法，根据本企业的自身情况和工程特点，确定质量工作目标，建立完善的工程项目管理机构和严密的质量保证体系以及质量责任制。实行质量控制的目标管理，抓住目标制订、目标开展、目标实现和目标控制等环节，以各自的工作质量来保证整体工程质量，从而达到工程质量管理的目标。

2. 进行图纸会审、技术交底工作

施工图和设计文件是组织施工的技术依据。施工技术负责人及监理人员必须认真熟悉图纸，进行图纸会审工作，不仅可以帮助设计单位减少图纸差错，而且还可以了解工程特点和设计意图以及关键部位的质量要求。同时做好技术交底工作，使每个施工人员清楚了解施工任务的特点、技术要求和质量标准，以保证和提高工程质量。

3. 制订保证工程质量的技术措施

建筑工程产品的质量好坏取决于是否采取了科学的技术手段和管理方法，没有好的质量保证措施不可能有优质的产品。施工单位应根据建设和设计单位提供的设计图纸和有关技术资料，对整个施工项目进行具体的分析研究，结合施工条件、质量目标和攻关内容，编制出施工组织设计（或施工方案），制订出具体的质量保证计划和攻关措施，明确实施内容、方法和效果。

4. 制订确保工程质量的技术标准

由于施工过程的操作规程等工艺标准不属于强制性标准，但是严格按操作规程进行施工是保证工程质量的重要环节，而目前一些施工企业，尤其是中小型施工企业却没有制订有关操作规程等工艺标准。因此，施工企业必须根据自身的实际情况，编制企业技术标准或将一些地方施工操作规程、协会标准、施工指南、手册等技术转化为本企业的标准，以确保工程质量。

（二）施工过程的质量控制

施工过程中进行的所有与施工过程有关各方面的质量控制，也包括对施工过程中的中间产品（工序产品或分部、分项工程产品）的质量控制。

1. 优选工程管理人员和施工人员，增强质量意识和素质

工程管理人员和施工人员是建筑工程产品的直接制造者，其素质高低和质量意识强弱将直接影响工程质量的优劣。所以，他们是形成工程质量的主要因素。因此，要控制施工质量，就必须优选施工人员和工程管理人员。通过加强员工的政治思想和业务技术培训，提高他们的技术素质和质量意识，树立质量第一、预控为主的观念，使得管理技术人员具有较强的质量规划、目标管理、施工组织、技术指导和质量检查的能力；施工人员要具有精湛的操作技能，一丝不苟的工作作风，严格执行质量标准、技术规范和质量验收规范的法制观念。施工单位应推行生产控制和合格控制的全过程质量控制，应有健全的生产控制和合格控制的质量管理体系。这不仅包括原材料控制、工艺流程控制、施工操作控制、每道工序质量检查、各道相关工序间的交接检验以及专业工种之间等中间交接环节的质量管理和控制要求，还应包括满足施工图设计和功能要求的抽样检验制度等。施工单位还应通过内部的审核与管理者的评审，找出质量管理体系中存在的问题和薄弱环节，并制订改进的措施和跟踪检查落实等措施，使单位的质量管理体系不断健全和完善，是该施工单位不断提高建筑工程施工质量的保证。

同时施工单位应重视综合质量控制水平，应从施工技术、管理制度、工程质量控制和工程质量等方面制订对施工企业综合质量控制水平的指标，以达到提高整体素质和经济效益的目的。

2. 严格控制建材及设备的质量，做好材料检验工作

建材及设备质量是工程质量的基础，一旦质量不符合要求，或选择使用不当，均会影响工程质量或造成事故。建材及设备应通过正当的渠道进行采购，应选择国家认可、有一定技术和资金保证的供应商，实行货比三家。选购有产品合格证、有社会信誉的产品，既可以控制材料的质量，又可降低材料的成本。针对目前建材市场产品质量混杂的情况，对建筑材料、构配件和设备要实行施工全过程的质量监控，杜绝假冒伪劣产品用于建筑工程上。对于进场的材料，应按有关规定做好检测工作，严格执行建材检测的见证取样送检制度。

3. 执行和完善隐蔽工程和分项工程的检查验收制度

为了保证工程质量，必须在施工过程中认真做好分项工程的检查验收。坚持以预控为主的方针，贯彻专职检查和施工人员检查相结合的方法。组织班组进行自检、互检、交接检活动，大力加强施工过程的检查力度。在施工过程中上一道工序的工作成果被下一道工序所掩盖的隐蔽工程，在下一道工序施工前，应由建设（监理）、施工等单位和有关部门进行隐蔽工程检查验收，并及时办理验收签证手续。在检查过程中，发现有违反国家有关标准规范，尤其是强制性标准条文的要求施工的，应进行整改处理，待复检合格后才允许继续施工，力求把质量隐患消灭在施工过程中。

4. 依靠科技进步，推行全面质量管理，提高质量控制水平

工程建设必须依靠技术进步和科学技术成果应用来提高工程质量和经济效益。在施工过程中要积极推广新技术、新材料、新产品和新工艺，依靠科技进步，预防与消除质量隐患，解决工程质量“通病”；掌握国内外工程建设方面的科学技术发展动态，充分了解工程技术推广应用或淘汰的技术、工艺、设备的状况。建立严格的考核制度，推行全面质量管理，不断改进和提高施工技术和工艺水平；加强工程建设队伍的教育和培训，不断提高职工队伍的技术素质和职业道德水平，逐步推行技术操作持证上岗制度。工程施工各方面应以质量控制为中心进行全方位管理，从各个侧面发挥对工程质量的保证作用，从而使工程质量控制目标得以实现。

（三）竣工验收的质量控制

竣工验收的质量控制是指对于通过施工过程所完成的具有独立的功能和使用价值的最终产品（单位工程或整个工程项目）及有关方面（例如质量文档）的质量进行控制。即一个建筑工程产品建成后，要进行全面的质量验收及评价，对质量隐患及时进行处理，并及时总结经验、吸取教训，不断提高企业的质量控制及管理能力。

上述建筑工程施工阶段质量控制的三个环节如图 2-1 所示。

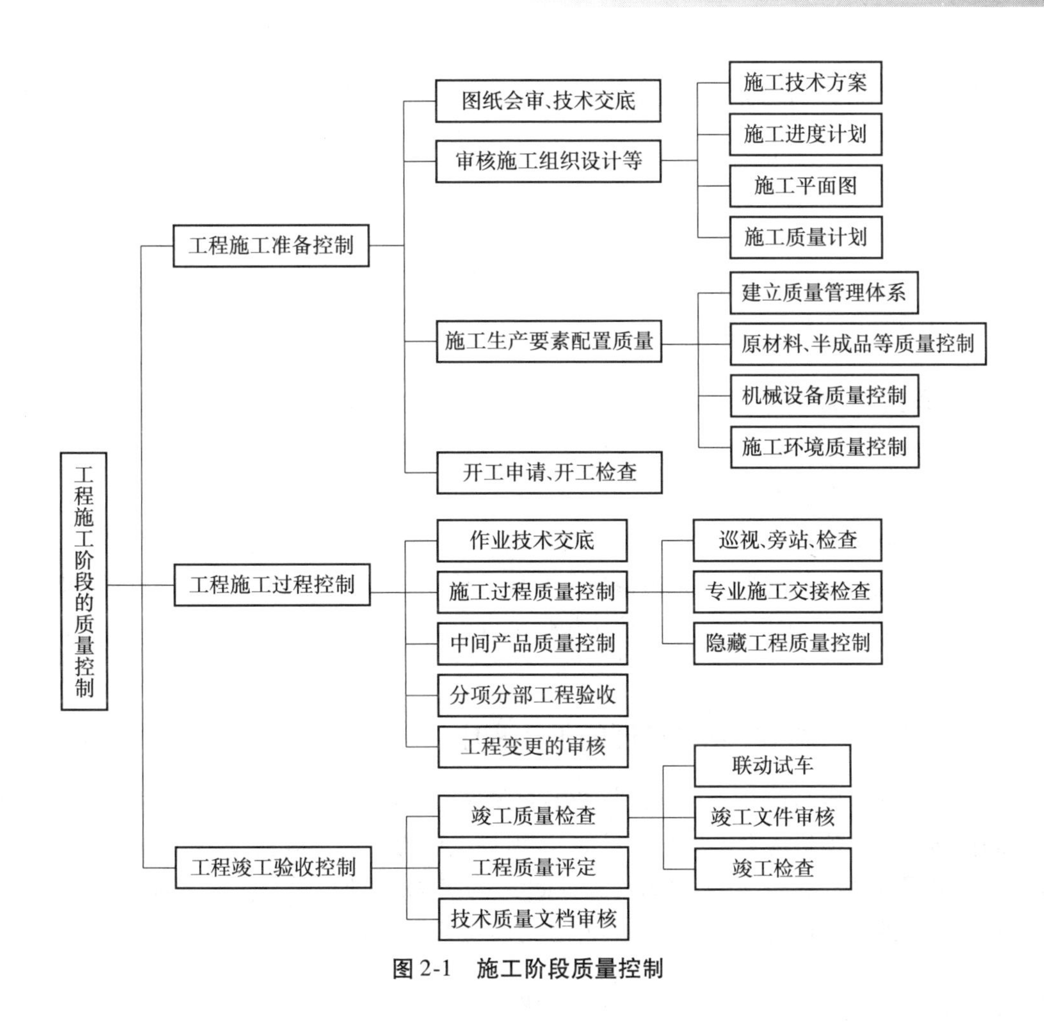

图 2-1　施工阶段质量控制

二、建筑工程施工质量的控制依据

（一）工程合同文件

工程施工承包合同文件和委托监理合同文件中分别规定了参与建设各方在质量控制方面的权利和义务，有关各方必须履行在合同中的承诺。

（二）设计文件

“按图施工”是施工阶段质量控制的一项重要原则。因此，经过批准的设计图纸和技术说明书等设计文件就是质量控制的重要依据。所以在施工准备阶段，要进行“三方”（监理单位、设计单位和承包单位）的图纸会审，以达到了解设计意图和质量要求，发现图纸差错和减少质量隐患的目的。

（三）国家和地方政府有关部门颁布的有关质量管理方面的法律、法规性文件

(1)《中华人民共和国建筑法》。

(2)《建设工程质量管理条例》。

(3)《建筑业企业资质管理规定》。

上述文件是国家及建设主管部门颁布的有关质量管理方面的法律、法规性文件，是建设行业必须遵循的基本法律、法规性文件。

（四）有关质量检验与控制的专门技术法规性文件

此类文件一般是针对不同行业、不同的质量对象而制订的技术法规性文件，包括各种有关的标准、规范、规程和规定。

技术标准有国家标准、行业标准、地方标准和企业标准等。它们是建立和维护正常的生产和工作秩序应遵循的准则，也是衡量质量好坏的尺度。因此，负责进行质量控制的各方面技术与管理人员，一定要熟练掌握这些法规性文件。

三、建筑工程施工质量控制与管理的工作程序

建筑工程施工质量控制与管理是复杂的系统工程，现代管理的理念是以项目为中心进行动态控制。即以项目为中心成立项目部，以项目经理为管理主体，以技术负责人为技术权威的项目组织管理模式，进行有效的动态控制，以实现项目的质量、进度、工期、安全等主要控制目标为目的，进行良性的 PDCA 循环，达到提高工程施工质量的目的。

（一）施工质量保证体系的建立和运行

施工质量保证体系是指现场施工管理组织的施工质量自控体系或管理系统，即施工单位为实施承建工程的施工质量管理和目标控制，以现场施工管理组织架构为基础，通过质量管理目标的确定和分解，所需人员和资源的配置，以及施工质量相关制度的建立和运行，形成具有质量控制和质量保证能力的工作系统。

施工质量保证体系的建立是以现场施工管理组织机构为主体，根据施工单位质量管理体系和业主方或总包方的总体系统的有关规定和要求而建立的。

1. 施工质量保证体系的主要内容

(1)目标体系。

(2)业务职能分工。

(3)基本制度和主要工作流程。

(4)现场施工质量计划或施工组织设计文件。

(5)现场施工质量控制点及其控制措施。

(6)内外沟通协调关系网络及其运行措施。

2. 施工质量保证体系的特点

施工质量保证体系的特点包括系统性、互动性、双重性、一次性。

3. 施工质量保证体系的运行

(1)施工质量保证体系的运行,应以质量计划为龙头,过程管理为中心,按照 PDCA 循环的原理进行。

(2)施工质量保证体系的运行,按照事前、事中和事后控制相结合的模式展开。

①事前控制:预先进行周密的质量控制计划;②事中控制:主要是通过技术作业活动和管理活动行为的自我约束和他人监控,达到施工质量控制目的;③事后控制:包括对质量活动结果的评价认定和对质量偏差的纠正。

以上三大环节不是孤立和分开的,是 PDCA 循环的具体化,在滚动中不断提高。

(二)掌握施工质量的预控方法

施工质量预控是施工全过程质量控制的首要环节,包括确定施工质量目标、编制施工质量计划、落实各项施工准备工作以及对各项施工生产要素的质量进行预控。

1. 施工质量计划预控

施工质量计划是施工质量控制的手段或工具。施工质量的计划预控是以“预防为主”作为指导思想,确定合理的施工程序、施工工艺和技术方法,以及制订与此相关的技术、组织、经济与管理措施,用以指导施工过程的质量管理和控制活动。一是为现场施工管理组织的全面全过程施工质量控制提供依据;二是成为发包方实施质量监督的依据。施工质量计划预控的重要性在于它明确了具体的质量目标,制订了行动方案和管理措施。施工质量计划方式有三种:《施工质量计划》《施工组织设计》《施工项目管理实施规划》。

2. 施工准备状态预控

(1)工程开工前的全面施工准备。

(2)各分部分项工程开工前的施工准备。

(3)冬季、雨季等季节性施工准备。

施工准备状态是施工组织设计或质量计划的各项安排和决定的内容,在施工准备过程或施工开始前,具体落实到位的情况。

3. 全面施工准备阶段,工程开工前各项准备

(1)完成图纸会审和设计交底。

(2)就施工组织设计或质量计划向现场管理人员和作业人员传达或说明。

(3)先期进场的施工材料物资、施工机械设备是否满足要求。

(4)是否按施工平面图进行布置并满足安全生产规定。

(5)施工分包企业及其进场作业人员的资源资质资格审查。
(6)施工技术、质量、安全等专业专职管理人员到位情况,责任、权力明确。
(7)施工所必需的文件资料、技术标准、规范等各类管理工具。
(8)工程计量及测量器具、仪表等的配置数量、质量。
(9)工程定位轴线、标高引测基准是否明确,实测结果是否已经复核。
(10)施工组织计划或质量计划,是否已经报送业主或其监理机构核准。

4. 分部分项工程施工作业准备

(1)相关施工内容的技术交底,是否明确、到位和理解。
(2)所使用的原材料、构配件等,是否进行质量验收和记录。
(3)规定必须持证上岗的作业人员,是否经过资格核查或培训。
(4)前道工序是否已按规定进行施工质量交接检查或隐蔽工程验收。
(5)施工作业环境,如通风、照明、防护设施等是否符合要求。
(6)施工作业所必需的图纸、资料、规范、标准或作业指示书、要领书、材料使用说明书等。
(7)工种间的交叉、衔接、协同配合关系,是否已经协调明确。

(三)施工过程的质量验收

1. 施工质量验收的依据

工程施工承包合同;工程施工图纸;工程施工质量统一验收标准;专业工程施工质量验收规范;建设法律法规;管理标准和技术标准。

2. 施工过程的质量验收

(1)施工过程的质量验收包括检验批质量验收;分项工程质量验收;分部工程质量验收。
(2)检验批质量验收:检验批是按同一生产条件或按规定的方式汇总起来供检验用的,由一定数量样本组成的检验体;可按楼层、施工段、变形缝等进行划分。
①检验批的验收应由监理工程师(建设单位项目技术负责人)组织施工单位项目专业质量(技术)负责人等进行验收;②检验批合格质量应符合下列规定:主控项目和一般项目的质量经抽样检验合格;具有完整的施工操作依据、质量检验记录。主控项目合格率100%。

3. 分项工程质量验收

(1)分项工程应按主要工种、材料、施工工艺、设备类别等进行划分。
(2)分项工程应由监理工程师(建设单位项目技术负责人)组织施工单位项目专业质量技术负责人进行验收。
(3)分项工程质量合格标准:分项工程所包含的检验批均应符合合格质量的规定;分项

工程所含的检验批的质量验收记录应完整。

4. 分部工程质量验收

(1)分部工程划分应按专业性质、建筑部位确定。

(2)分部工程应由总监理工程师(建设单位项目负责人)组织施工单位项目负责人和技术、质量负责人等进行验收;地基与基础、主体结构分部工程的勘察、设计单位工程项目负责人和施工单位技术、质量负责人也应参加相关分部工程验收。

(3)分部工程质量合格标准:所含分项工程的质量均应验收合格;质量控制资料应完整;地基与基础、主体结构和设备安装等与分部工程有关安全及功能的检验和抽样结果应符合有关规定;感观质量验收应符合有关要求。

5. 施工过程质量验收中,工程质量不合格时的处理方法

(1)经返工重做或更换器具、设备的检验批,应该重新验收。

(2)经有资质的检测单位检测鉴定能达到设计要求的检验批,应予以验收。

(3)达不到设计要求,但经原设计单位核算认可能够满足结构安全和使用功能的检验批,可予以验收。

(4)经返修或加固处理的分项、分部工程,虽然改变了外形尺寸,但仍能满足安全使用要求,可按技术处理方案和协商文件进行验收。

(5)通过返修或加固处理后仍不能满足使用要求的分部工程、单位工程,严禁验收。

第二节　施工质量控制的内容、方法和手段

工程施工质量控制主要有人的因素控制、材料的质量控制、机械设备控制、施工方法的控制、工序质量控制、质量控制点设置;施工项目质量控制的内容、方法和手段,主要是审核有关技术文件、报告和直接进行现场检查或进行必要的试验等。

一、人的因素控制

在相关章节已经讲述了人是生产经营活动的主体,也是工程项目建设的决策者、管理者、操作者,工程建设的全过程,都是通过人来完成的。人员的素质,都将直接和间接地对规划、决策、勘察、设计和施工的质量产生影响。而在工程施工阶段的质量控制中,对人的因素控制尤为重要。而建筑行业实行经营资质管理和各类专业从业人员持证上岗制度,是保证人员素质的重要管理措施。因此,开工前一定加强人员资质的审查工作,明确必须持证上岗。工程建设一般要求领导者应具备较强的组织管理能力、一定的文化素质、丰富的

实践经验。项目经理应从事工程建设多年,有一定的经验,且具备相应工程要求的项目经理证书。各专业技术工种应具有本专业的资质证书,有较丰富的专业知识和熟练的操作技能。监理工程师应具备工程监理工程师执业资格。同时,要加强对技术骨干及一线工人的技术培训。

二、材料质量控制

对于工程中使用的材料、构配件,承包人应按有关规定和施工合同约定进行检验,并应查验材质证明和产品合格证。材料、构配件未经检验,不得使用;经检验不合格的材料、构配件和工程设备,承包人应及时运离工地或做出相应处理。要明确质量标准,合格的材料是工程质量保证的基础,对于施工中采用的原材料与半成品,必须明确其质量标准及检测要求。国家及部颁标准对中小型工程全部适用,在质量控制过程中不能降低要求与标准。

三、机械设备的控制

设备的选择应本着因地制宜、因工程而宜的原则,按照技术先进、经济合理、性能可靠、使用安全、操作方便、维修方便的原则,使其具有工程的适应性。建筑工程的机械设备要考虑现实情况,切合实际地配置机械设备。旧施工设备进入工地前,承包人应提供该设备的使用和检修记录,以及具有设备鉴定资格的机构出具的检修合格证。经监理单位认可,方可进场。机械设备的使用操作应贯彻"人机固定"原则,实行定机定人定岗定位责任制的制度。

四、施工方法的控制

施工方法是指施工方案、施工工艺和操作方法。在工程施工中,施工方案是否合理,施工工艺是否先进,施工操作是否正确,都将对工程质量产生重大的影响。大力推进采用新技术、新工艺、新方法,不断提高工艺技术水平,是保证工程质量稳定提高的重要因素。但是,对采用的新技术、新工艺、新方法,一定要有可靠的实践验证,应该是经过认证部门认证批准的,才能使用。

五、施工阶段环境因素控制

环境因素控制对工程质量控制起着重要作用,如上海一座在建的13层住宅楼于2009年6月27日凌晨5点30分突然倒覆,究其原因,就是没有注意环境因素控制。环境因素控制包括工程技术环境控制,工程地质的处理是建筑工程施工的质量控制要点,不同的地质状况会对工程的施工方案及质量的保证造成不同程度影响。如气候的突变可能会对工程的施工进度计划造成影响,有的甚至会严重威胁到工程质量;工程作业环境控制,如施工环境作业面大小、防护设施、通风照明和通信条件控制等;工程管理环境控制,主要指工程实施的合同结构与管理关系的确定,组织体制及管理制度控制等;周边环境控制,如工程邻近的地下管线、建(构)筑物掌握情况等。环境条件往往对工程质量产生特定的影响。加强环境因素控制,改进作业条件,把握好技术环境,辅以必要的措施,是控制环境对质量影响的重要保证。环境因素对工程质量产生的影响,要予以充分重视,根据工程特点及具体情况,灵活机动地进行动态控制,把影响减少到最低程度。

六、工序质量控制

工序质量即工序活动条件的质量和工序活动效果的质量。工序质量的控制就是对工序活动条件的质量控制和工序活动效果的控制,从而可以对整个施工过程的质量进行控制。工序质量控制是施工技术质量职能的重要内容,也是事中控制的重点。因此,控制要点如下。

工序质量控制目标及计划。确立每道工序合格的标准,严格遵守国家相关法律法规。执行每道工序验收检查制度,上道工序不合格不得进入下道工序的施工,对不合格工序坚决返工处理。

关键工序控制。关键工序是指在工序控制中起主导地位的工序或根据历史经验资料认为经常发生质量问题的工序。

七、质量控制点设置

(一)设置质量控制点的方法

(1)按施工组织设计等有关文件确定有前后衔接或并行的工序。

(2)从以往各类型工程质量控制点设置经验库中调用同类工程质量控制点设置的资料作为基础模板,以质量通病知识库、质量事故分析知识库、项目特定要求列表(在项目的建设中,业主通常会有特定的质量要求,比如装饰抹灰的立面垂直度和表面平整度等,业主特定的质量要求因项目的不同而异。同时,在新项目启动前把新项目所涉及的新工艺、新技术、新材料应用也罗列到项目特定要求列表中)为支持,按所设计的质量控制点判断选择规则,在所选模板的基础上增加或删除控制点,完成新项目质量控制点的初步设置,再用国家规范、技术要求、质量标准来检验设置结果是否达到要求。

(3)借鉴以往工程质量控制点的管理和执行办法或者重新制订措施对项目的质量控制点进行监督管理。

(4)对质量控制点的执行情况进行评价和总结,并结合以往各类型工程质量控制点设置经验库,实现控制点设置经验库的更新和升级。

(二)设置质量控制点的原则

(1)施工过程中的关键工序或环节以及隐蔽工程,例如预应力结构的张拉工序,钢筋混凝土结构的钢筋架立。

(2)施工中的薄弱环节或质量不稳定的工序、部位或对象,例如地下防水层的施工。

(3)对后续工程施工或对后续工序质量及安全有重大影响的工序、部位或对象,例如预应力结构中的钢筋质量、模板的支撑与固定。

(4)采用新技术、新工艺、新材料的部位或环节。

(5)施工上无足够把握的、施工条件困难的或技术难度大的工序或环节,例如复杂曲线模板的放样等。

显然,是否设置为质量控制点,主要是视其对质量特性影响的大小、危害程度以及其质量保证的难度大小而定。

(三)质量控制点中重点控制对象

1.人的行为

对某些作业或操作,应以人作为重点进行控制,如高空、高潮、水下、危险作业等,对人的身体素质或心理应有相应的要求;技术难度大或精度要求高的作业,如复杂模板放样、精密、复杂的设备安装以及重型构件吊装等对人的技术水平均有相应的较高要求。

2.物的质量和性能

施工设备和材料是直接影响工程质量和安全的主要因素,对某些工程尤为重要,常作为质量控制的重点。

3.关键的操作

如预应力钢筋的张拉工艺操作过程及张拉力的控制,是可靠地建立预应力值和保证预应力构件质量的关键过程。

4.施工技术参数

例如对填方路堤进行压实时,对填土含水量等参数的控制是保证填方质量的关键;对于岩基水泥灌浆,灌浆压力、吃浆率和冬季施工混凝土受冻临界强度等技术参数都是质量控制的关键。

5.施工顺序

有些工作必须严格遵循作业之间的顺序,例如,冷拉钢筋应当先对焊、后冷拉,否则会失去冷强特性;屋架固定一般应采取对角同时施焊的方式,以免焊接应力使校正的屋架发生应变等。

6.技术间歇

有些作业需要有必要的技术间歇时间,例如砖墙砌筑后与抹灰工序之间,以及抹灰与粉刷或喷吐之间,均应保证有足够的间歇时间;混凝土浇筑后至拆模之间也应保持一定的间歇时间。

7. 新工艺、新技术、新材料的应用

由于缺乏经验，施工时可作为重点进行严格控制。

8. 产品质量不稳定、不合格率较高及易发生质量通病的工序

对产品质量不稳定、不合格率较高及易发生质量通病的工序，应列为重点，仔细分析、严格控制，如防水层的铺设，供水管道接头的渗漏等。

9. 易对工程质量产生重大影响的施工方法

例如，液压滑模施工中的支承杆失稳问题、升板法施工中提升差的控制等，都是一旦施工不当或控制不严，即可能引起重大质量事故问题，应作为质量控制的重点。

10. 特殊地基或特种结构

如大孔性、湿陷性黄土、膨胀土等特殊土地基的处理、大跨度和超高结构等难度大的施工环节和重要部位等都应给予特别重视。

八、施工项目质量控制的内容、方法和手段

（一）审核有关技术文件、报告或报表

对技术文件、报告或报表的审核，是监理工程师、工程技术与管理人员对工程质量进行全面质量控制的重要手段，其具体内容如下。

1. 审核各有关承包单位的资质

（1）施工承包单位资质的分类：国务院建设行政主管部门为了维护建筑市场的正常秩序，加强管理，保障施工承包单位的合法权益及保证工程质量，制订了建筑企业资质等级标准。承包单位必须在规定的范围内进行经营活动，且不得超范围经营。建设行政主管部门对承包单位的资质实行动态管理，建立了相应的考核，资质升降及审查规定。

承包单位按其承包工程的能力，划分为施工总承包、专业承包和劳务分包三个序列。这三个序列按照工程性质和技术特点分别划分为若干资质类别，各资质类别按照规定的条件划分为若干等级。

①施工总承包企业：获得施工总承包资质的企业，可以对工程实行施工总承包或者对主体工程实行施工承包，施工总承包企业可以将承包的工程全部自行施工，也可将非主体工程或者劳务作业分包给具有相应专业承包资质或者劳务分包资质的其他建筑业企业。施工总承包企业的资质按专业类别共分为 12 个资质类别，每个资质类别又分成特级、一级、二级、三级。②专业承包企业：获得专业承包资质的企业，可以承接施工总承包企业分包的专业工

程或者建设单位按规定发包的专业工程。专业承包企业可以对所承接的工程全部自行施工,也可将劳务作业分包给具有相应劳务分包资质的其他劳务分包企业。专业承包企业资质按专业类别共分为60个资质类别,每个资质类别又分成一级、二级、三级。③劳务分包企业:获得劳务分包资质的企业,可以承接施工总承包企业或者专业承包企业分包的劳务作业。劳务分包企业有13个资质类别,如木工作业、砌筑作业、钢筋作业、架线作业等。有些资质类别分成若干等级,有的则不分,如木工、砌筑、钢筋作业劳务分包企业资质分为一级、二级。油漆、架线等作业劳务分包企业则不分等级。

(2)监理工程师对施工承包单位资质的审核:①招投标阶段对施工承包单位资质的审查:一是根据工程类型、规模和特点,确定参与投标企业的资质等级,并得到招标管理部门的认可。二是对参与投标承包企业的考核:查对《营业执照》《建筑业企业资质证书》。同时,了解其实际的建设业绩、人员素质、管理水平、资金情况、技术设备等;考核承包企业的近期表现、年检情况、资质升降级情况、了解其是否有质量、安全、管理问题,企业管理的发展趋势。②对中标进场的施工承包单位的质量管理体系的核查:质量管理健全的承包单位,对取得优质工程将起决定性作用。因此,监理工程师做好承包单位的质量管理体系的核查是非常重要的。

2. 审核施工方案、施工组织设计和技术措施(质量计划)

监理工程师要重点审核施工方案是否合理、施工组织设计是否周全、技术措施(质量计划)是否完善,合理的施工方案、周全的施工组织设计、完善的技术措施(质量计划)是提高工程质量的有力保障。

3. 其他

(1)审核有关材料、半成品的质量检验报告。

(2)审核反映工序质量动态的统计资料或控制图表。

(3)审核设计变更、修改图纸和技术核定书。

(4)审核有关质量问题的处理报告。

(5)审核有关应用新工艺、新材料、新技术、新结构的技术鉴定书。

(6)审核有关工序交接检查,分项、分部工程质量检查报告。

(7)审核并签署现场有关技术签证、文件等。

(二)现场质量检查

1. 开工前检查

开工前检查的目的是检查是否具备开工条件,开工后能否连续正常施工,能否保证工程质量。

2. 工序交接检查

对于重要的工序或对工程质量有重大影响的工序,在自检、互检的基础上,还要组织专职人员进行工序交接检查。

3. 隐蔽工程检查

隐蔽工程需经检查合格后办理隐蔽工程验收手续，如果隐蔽工程未达到验收条件，施工单位应采取措施进行返工，合格后通知现场监理、甲方检查验收，未经检查验收的隐蔽工程一律不得自行隐蔽。

4. 停工后复工前的检查

因处理质量问题或某种原因停工后，应经检查认可后方能复工。

5. 分项、分部工程的检查

分项、分部工程完工后，应经现场监理、甲方检查验收，并签署验收记录后，才能进行下一工程项目的施工。

6. 成品保护检查

工程施工中，应及时检查成品有无保护措施，或保护措施是否可靠。

工程施工质量管理人员（质检员）必须经常深入现场，对施工操作质量进行巡视检查，必要时还应进行跟班或跟踪检查。只有这样才能发现问题，并及时解决。

（三）施工现场质量检查的方法

工程施工质量检查的方法有目测法、实测法和试验法三种。

1. 目测法

其手段可归纳为“看、摸、敲、照”四个字。

（1）看：就是根据质量标准进行外观目测。如清水墙面是否洁净，弹涂是否均匀，内墙抹灰大面及口角是否平直，混凝土拆模后是否有蜂窝、麻面、漏筋，施工工序是否合理，工人操作是否正确等，均是通过目测检查评价的。

（2）摸：就是手感检查，主要用于装饰工程的某些项目，如大白是否掉粉，地面有无起砂等，均可通过手摸加以鉴别。

（3）敲：是运用工具进行音感检查。地面工程、装饰工程中的水磨石、面砖和大理石贴面等，均是应用敲击来进行检查的，通过声音的虚实确定有无空鼓，还可以根据声音的清脆和沉闷，判断面层空鼓还是底层空鼓。

（4）照：难看到或光线较暗的部位，则可采用镜子反射或灯光照射的方法进行检查。

2. 实测法

实测法就是通过实测数据与施工规范及质量标准所规定的允许偏差对照，来判别质量是否合格。实测检查法的手段，也可归纳为四个字：即靠、吊、量、套。

(1)靠:是用直尺、塞尺检查墙面、地面、屋面的平整度。

(2)吊:是用托线板以线锤吊线检查垂直度。

(3)量:是用测量工具和计量仪表等检查断面尺寸、轴线、标高等的偏差。

(4)套:是以方尺套方,辅以塞尺检查。如常用的对门窗口及构配件的对角线检查,也是套方的特殊手段。

3. 试验法

试验法是指必须通过试验手段才能对质量进行判断的检查方法。如对桩或地基的静载试验,确定其承载力;对混凝土、砂浆试块的抗压强度等试验,确定其强度是否满足设计要求。

上述工程施工质量控制的内容、方法和手段,是工程监理、工程技术与管理人员多年工作实践的结晶。

第三章　建筑工程施工质量验收

第一节　建筑工程施工质量验收基本概念

一、建筑工程施工质量验收的概念

（一）定义

建筑工程在施工单位自行质量检查评定的基础上，参与建设活动的有关单位共同对检验批、分项、分部、单位工程的质量进行抽样复验，根据相关标准以书面形式对工程质量达到合格与否做出确认。

（二）含义

1. 自检

建筑工程施工单位在验收之前要对施工质量进行自检，并为验收做好各项准备工作。

2. 联检

参与建设活动的有关单位共同对检验批、分项、分部、单位工程的质量进行抽样复验。

3. 确认

根据相关标准以书面形式对工程质量达到合格与否做出确认。

二、建筑工程施工质量验收的相关术语

（一）进场验收

对进入施工现场的材料、构配件、设备等按相关标准规定要求进行检验，对产品达到合

格与否做出确认。

(二)检验批

按同一的生产条件或按规定的方式汇总起来供检验用的,由一定数量样本组成的检验体。

(三)检验

对检验项目中的性能进行量测、检查、试验等,并将结果与标准规定要求进行比较,以确定每项性能是否合格所进行的活动。

(四)见证取样检测

在监理单位或建设单位监督下,由施工单位有关人员现场取样,并送至具备相应资质的检测单位所进行的检测。

(五)交接检验

由施工的承接方与完成方经双方检查并对可否继续施工做出确认的活动。

(六)主控项目

建筑工程中的对安全、卫生、环境保护和公众利益起决定性作用的检验项目。

(七)一般项目

除主控项目以外的检验项目。

(八)抽样检验

按照规定的抽样方案,随机地从进场的材料、构配件、设备或建筑工程检验项目中,按检验批抽取一定数量的样本所进行的检验。

(九)抽样方案

根据检验项目的特性所确定的抽样数量和方法。

(十)计数检验

在抽样的样本中,记录每一个体有某种属性或计算每一个体中的缺陷数目的检查方法。

(十一)计量检验

在抽样检验的样本中,对每一个体测量其某个定量特性的检查方法。

(十二)观感质量

通过观察和必要的量测所反映的工程外在质量。

（十三）返修

对工程不符合标准规定的部位采取整修等措施。

（十四）返工

对不合格的工程部位采取的重新制作、重新施工等措施。

第二节　建筑工程施工质量验收的基本规定

施工现场质量管理应有相应的施工技术标准，健全的质量管理体系、施工质量检验制度和综合施工质量水平评定考核制度。这里不仅包括原材料控制、工艺流程控制、施工操作控制、每道工序质量检查、各道相关工序间的交接检验以及专业工种之间等中间交接环节的质量管理和控制要求，还应包括满足施工图设计和功能要求的抽样检验制度等。施工单位还应通过内部的审核与管理者的评审，找出质量管理体系中存在的问题和薄弱环节，并制订改进的措施和跟踪检查落实等措施，使单位的质量管理体系不断健全和完善，是该施工单位不断提高建筑工程施工质量的保证。

一、建筑工程应按下列规定进行施工质量控制

（1）建筑工程采用的主要材料、半成品、成品、建筑构配件、器具和设备应进行现场验收。凡涉及安全、功能的有关产品，应按各专业工程质量验收规范规定进行复验，并应经监理工程师（建设单位技术负责人）检查认可。

（2）各工序应按施工技术标准进行质量控制，每道工序完成后应进行检查。

（3）相关各专业工种之间，应进行交接检验，并形成记录。未经监理工程师（建设单位技术负责人）检查认可，不能进入下一道工序。

上述规定的含义是：首先，用于建筑工程的主要材料、半成品、成品、建筑构配件、器具和设备的进场要进行验收，重要建筑材料要进行复检。其次，在每道工序的质量控制中之所以强调按企业标准进行控制，是考虑企业标准的控制指标要严于行业和国家标准指标的因素。再次，施工单位每道工序完成后除了自检、专职质量检查员检查外，还强调了工序交接检查，上道工序还应满足下道工序的施工条件和要求。最后，相关专业工序之间要形成一个有机的整体。

二、建筑工程施工质量应按下列要求进行验收

(1)建筑工程质量应符合《建筑工程施工质量验收统一标准》和相关专业验收规范的规定。

(2)建筑工程施工应符合工程勘察、设计文件的要求。

(3)参加工程施工质量验收的各方人员应具备规定的资格。

(4)工程质量的验收均应在施工单位自行检查评定的基础上进行。

(5)隐蔽工程在隐蔽前应由施工单位通知有关单位进行验收,并应形成验收文件。

(6)涉及结构安全的试块、试件以及有关材料,应按规定进行见证取样检测。

(7)检验批的质量应按主控项目和一般项目验收。

(8)对涉及结构安全和使用功能的重要分部工程应进行抽样检测。

(9)承担见证取样检测及有关结构安全检测的单位应具有相应资质。

(10)工程的观感质量应由验收人员通过现场检查,并应共同确认。

上述建筑工程质量验收的基本要求,主要是指参加建筑工程质量验收各方人员应具备的资格;建筑工程质量验收应在施工单位检验评定合格的基础上进行;检验批质量应按主控项目和一般项目进行验收;隐蔽工程的验收;涉及结构安全的见证取样检测;涉及结构安全和使用功能的重要分部工程的抽样检验以及承担见证试验单位资质的要求;观感质量的现场检查等。

三、检验批的质量检验

检验批的质量检验,应根据检验项目的特点在下列抽样方案中进行选择。

(1)计量、计数或计量—计数等抽样方案。

(2)一次、二次或多次抽样方案。

(3)根据生产连续性和生产控制稳定性情况,尚可采用调整型抽样方案。

(4)对重要的检验项目当可采用简易快速地检验方法时,可选用全数检验方案。

(5)经实践检验有效的抽样方案。

上述检验批质量检验评定的抽样方案,可根据检验项目的特点进行选择。检验项目的计量、计数检验,可分为全数检验和抽样检验两大类。对于重要的检验项目,且可采用简易快速地非破损检验方法时,宜选用全数检验。对于构件截面尺寸或外观质量等检验项目,宜选用考虑合格质量水平的生产方风险(或错判概率 α)和使用方风险(或漏判概率 β)的一次或二次抽样方案,也可选用经实践经验有效的抽样方案。

四、检验批抽样方案的制订

在制订检验批的抽样方案时,对生产方风险(或错判概率 α)和使用方风险(或漏判概率

β)可按下列规定采取。

(1)主控项目:对应于合格质量水平的 α 和 β 均不宜超过5%。

(2)一般项目:对应于合格质量水平的 α 不宜超过5%,β 不宜超过10%。

第三节　建筑工程施工质量验收的划分

建筑工程质量验收应划分为单位(子单位)工程、分部(子分部)工程、分项工程和检验批。

自改革开放以来,随着经济发展和施工技术进步,又涌现了大量建筑规模较大的单体工程和具有综合使用功能的综合性建筑物,几万平方米的建筑物比比皆是,十万平方米以上的建筑物也越来越多。这些建筑物的施工周期一般较长,受多种因素的影响,诸如后期建设资金不足,部分停缓建,已建成可使用部分需投入使用,以发挥投资效益等;投资者为追求最大的投资效益,在建设期间,需要将其中一部分提前建成使用;规模特别大的工程,一次性验收也不方便等。因此,根据 GB 50300—2001 标准规定,可将此类工程划分为若干个子单位工程进行验收。同时,随着生产、工作、生活条件要求的提高,建筑物的内部设施也越来越多样化;建筑物相同部位的设计也呈多样化;新型材料大量涌现;加之施工工艺和技术的发展,使分项工程越来越多,因此,按相近工作内容和系统划分若干子分部工程,这样有利于正确评价建筑工程质量,也有利于进行验收。

一、单位工程的划分应按以下原则确定

(1)具备独立施工条件并能形成独立使用功能的建筑物及构筑物为一个单位工程。

(2)建筑规模较大的单位工程,可将其能形成独立使用功能的部分划分为一个子单位工程。上述原则是指具有独立施工条件和能形成独立使用功能是单位(子单位)工程划分的基本要求。在施工前由建设、监理、施工单位自行商议确定,并据此收集整理施工技术资料和验收。

二、分部工程的划分

(1)分部工程的划分应按专业性质、建筑部位确定。

(2)当分部工程较大或较复杂时,可按材料种类、施工特点、施工程序、专业系统及类别等划分为若干分部工程。

例如,在建筑工程的分部工程中,将原建筑电气安装分部工程中的强电和弱电部分独立出来各为一个分部工程,称其为建筑电气分部和智能建筑(弱电)分部工程。

三、分项工程的划分

(1)分项工程应按主要工种、材料、施工工艺、设备类别等进行划分。

(2)分项工程可由一个或若干检验批组成,检验批可根据施工及质量控制和专业验收需要按楼层、施工段、变形缝等进行划分。

四、室外工程的划分

室外工程可根据专业类别和工程规模划分单位(子单位)工程。

第四节　建筑工程施工质量验收

检验批是工程验收的最小单位,是分项工程乃至整个建筑工程质量验收的基础。检验批是施工过程中条件相同并有一定数量的材料、构配件或安装项目,由于其质量基本一致,因此可以作为检验的基础单位,并按批验收。

一、检验批合格质量应符合以下规定

(1)主控项目和一般项目的质量经抽样检验合格。

(2)具有完整的施工操作依据、质量检查记录。

上述规定是指检验批的合格质量主要取决于对主控项目和一般项目的检验结果。主控项目是对检验批的基本质量起决定性影响的检验项目,因此必须全部符合有关专业工程验收规范的规定。这意味着主控项目不允许有不符合要求的检验结果,即这种项目的检查具有否决权。鉴于主控项目对基本质量的决定性影响,从严要求是必需的。

二、分项工程质量验收合格应符合以下规定

(1)分部工程所含的检验批均应符合合格质量的规定。

(2)分项工程所含的检验批的质量验收记录应完整。

分项工程的验收在检验批的基础上进行。一般情况下,两者具有相同或相近的性质,只是批量的大小不同而已。因此,将有关的检验批汇集构成分项工程。分项工程合格质量的条件比较简单,只要构成分项工程的各检验批的验收资料文件完整,并且均已验收合格,则分项工程验收合格。

三、分部(子分部)工程质量验收合格应符合以下规定

(1)分部(子分部)工程所含工程的质量均应验收合格。

(2)质量控制资料应完整。

(3)地基与基础、主体结构和设备安装等分部工程有关安全及功能的检验和抽样检测结果应符合有关规定。

(4)观感质量验收应符合要求。

上述规定是指分部工程的验收在其所含各分项工程验收的基础上进行。首先,分部工程的各分项工程必须已验收合格,相应的质量控制资料文件必须完整,这是验收的基本条件。此外,由于各分项工程的性质不尽相同,因此作为分部工程不能简单地组合而加以验收,尚需增加以下两类检查项目:一是,涉及安全和使用功能的地基基础、主体结构、有关安全及重要使用功能的安装分部工程应进行有关见证取样送样试验或抽样检测。二是,关于观感质量验收,这类检查往往难以定量,只能以观察、触摸或简单量测的方式进行,并由各个人的主观印象判断,检查结果并不给出"合格"或"不合格"的结论,而是综合给出质量评价。对于"差"的检查点应通过返修处理等补救。

四、单位(子单位)工程质量验收合格应符合以下规定

(1)单位(子单位)工程所含分部(子分部)工程的质量均应验收合格。

(2)质量控制资料应完整。

(3)单位(子单位)工程所含分部工程有关安全和功能的检测资料应完整。

(4)主要功能项目的抽查结果应符合相关专业质量验收规范的规定。

(5)观感质量验收应符合要求。

上述规定是指单位工程质量验收也称质量竣工验收,是建筑工程投入使用前的最后一次验收,也是最重要的一次验收。验收合格的条件有五个,除构成单位工程的各分部工程应该合格,并且有关的资料文件应完整以外,还须进行以下三个方面的检查。

涉及安全和使用功能的分部工程应进行检验资料的复查。不仅要全面检查其完整性(不得有漏检缺项),而且对分部工程验收时补充进行的见证抽样检验报告也要复核。这种强化验收的手段体现了对安全和主要使用功能的重视。

此外,对主要使用功能还须进行抽查。使用功能的检查是对建筑工程和设备安装工程最终质量的综合检验,也是用户最为关心的内容。因此,在分项、分部工程验收合格的基础上,竣工验收时再作全面检查。抽查项目是在检查资料文件的基础上由参加验收的各方人员商定,并由计量、计数的抽样方法确定检查部位。检查要求按有关专业工程施工质量验收标准要求进行。

最后,还须由参加验收的各方人员共同进行观感质量检查。检查的方法、内容、结论等已在分部工程的相应部分中阐述,最后共同确定是否验收。

五、建筑工程质量不符合要求时的处理

(1)经返工重做或更换器具、设备的检验批,应重新进行验收。

(2)经有资质的检测单位检测鉴定能够达到设计要求的检验批,应予以验收。

(3)经有资质的检测单位检测鉴定达不到设计要求,但经原设计单位核算认可能够满足结构安全和使用功能的检验批,可予以验收。

(4)经返修或加固处理的分项、分部工程,虽然改变外形尺寸但仍能满足安全使用要求,可按技术处理方案和协商文件进行验收。

上述规定给出了当质量不符合要求时的处理办法。一般情况下,不合格现象在最基层的验收单位-检验批时就应发现并及时处理,否则将影响后续检验批和相关的分项工程、分部工程的验收。因此所有质量隐患必须尽快消灭在萌芽状态。非正常情况的处理分以下四种情况。

第一种情况,是指在检验批验收时,其主控项目不能满足验收规范或一般项目超过偏差限值的子项不符合检验规定的要求时,应及时进行处理的检验批。其中,严重的缺陷应推倒重来;一般的缺陷通过翻修或更换器具、设备予以解决,应允许施工单位在采取相应的措施后重新验收。如能够符合相应的专业工程质量验收规范,则应认为该检验批合格。

第二种情况,是指个别检验批发现试块强度等不满足要求等问题,难以确定是否验收时,应请具有资质的法定检测单位检测。当鉴定结果能够达到设计要求时,该检验批仍应认为通过验收。

第三种情况,如经检测鉴定达不到设计要求,但经原设计单位核算,仍能满足结构安全和使用功能的情况,该检验批可以予以验收。一般情况下,规范标准给出了满足安全和功能的最低限度要求,而设计往往在此基础上留有一些余量。不满足设计要求和符合相应规范标准的要求,两者并不矛盾。

第四种情况,更为严重的缺陷或者超过检验批的更大范围内的缺陷,可能影响结构的安全性和使用功能。若经法定检测单位检测鉴定以后认为达不到规范标准的相应要求,即不能满足最低限度的安全储备和使用功能,则必须按一定的技术方案进行加固处理,使之能保证其满足安全使用的基本要求。这样会造成一些永久性的缺陷,如改变结构外形尺寸,影响一些次要的使用功能等。为了避免社会财富更大的损失,在不影响安全和主要使用功能条件下可按处理技术方案和协商文件进行验收,责任方应承担经济责任,但不能作为轻视质量而回避责任的一种出路,这是应该特别注意的。

六、严禁验收的工程

通过返修或加固处理仍不能满足安全使用要求的分部工程、单位(子单位)工程,严禁验收。即分部工程、单位(子单位)工程存在严重的缺陷,经返修或加同处理仍不能满足安全使用要求的,严禁验收。

第五节　建筑工程施工质量验收的程序和组织

一、检验批及分项工程的验收

检验批及分项工程应由监理工程师(建设单位项目技术负责人)组织施工单位项目专业质量(技术)负责人等进行验收。即检验批和分项工程是建筑工程质量的基础,因此,所有检验批和分项工程均应由监理工程师或建设单位项目技术负责人组织验收。验收前,施工单位先填好“检验批和分项工程的质量验收记录”(有关监理记录和结论不填),并由项目专业质量检验员和项目专业技术负责人分别在检验批和分项工程质量检验员和项目专业技术负责人分别在检验批和分项工程质量检验记录中相关栏目签字,然后由监理工程师组织,严格按规定程序进行验收。

二、分部工程的验收

分部工程应由总监理工程师(建设单位项目负责人)组织施工单位项目负责人和技术、质量负责人等进行验收;地基与基础、主体结构分部工程的勘察、设计单位工程项目负责人和施工单位技术、质量部门负责人也应参加相关分部工程验收。即分部(子分部)工程验收的组织者及参加验收的相关单位和人员。工程监理实行总监理工程师负责制,因此分部工程应由总监理工程师(建设单位项目负责人)组织施工单位的项目负责人和项目技术、质量负责人及有关人员进行验收。因为地基基础、主体结构的主要技术资料和质量问题是归技术部门和质量部门掌握,所以规定施工单位的技术、质量部门负责人参加验收是符合实际的。

由于地基基础、主体结构技术性能要求严格,技术性强,关系到整修工程的安全,因此规定这些分部工程的勘察、设计单位工程项目负责人也应参加相关分部的工程质量验收。

三、单位工程的自检

单位工程完工后,施工单位应自行组织有关人员进行检查评定,并向建设单位提交工程验收报告。即单位工程完成后,施工单位首先要依据质量标准、设计图纸等组织有关人员进行自检,并对检查结果进行评定,符合要求后向建设单位提交工程验收报告和完整的质量资料,请建设单位组织验收。

四、单位(子单位)工程验收

建设单位收到工程报告后,应由建设单位(项目)负责人组织施工(含分包单位)、设计、监理等单位(项目)负责人进行单位(子单位)工程验收。即单位工程质量验收应由建设单位负责人或项目负责人组织,由于设计、施工、监理单位都是责任主体,因此设计、施工单位负责人或项目负责人及施工单位的技术、质量负责人和监理单位的总监理工程师均应参加验收(勘察单位虽然也是责任主体,但已经参加了地基验收,故单位工程验收时,可以不参加)。

在一个单位工程中,对满足生产要求或具备使用条件,施工单位已预验,监理工程师已初验通过的子单位工程,建设单位可组织进行验收。由几个施工单位负责施工的单位工程,当其中的施工单位所负责的子单位工程已按设计完成,并经自行检验,也可按规定的程序组织正式验收,办理交工手续。在整个单位工程进行全部验收时,已验收的子单位工程验收资料应作为单位工程验收的附件。

五、单位工程有分包单位施工的工程验收

单位工程有分包单位施工时,分包单位对所承包的工程按标准规定的程度检查评定,总包单位应派人参加。分包工程完成后,应将工程有关资料交总包单位。即总包单位和分包单位的质量责任和验收程序。

由于《建设工程承包合同》的双方主体是建设单位和总承包单位,总承包单位应按照承包合同的权利义务对建设单位负责。分包单位既应对总承包单位负责,也应对建设单位负责。因此,分包单位对承建的项目进行检验时,总包单位应参加,检验合格后,分包单位应将工程的有关资料移交总包单位,待建设单位组织单位工程质量验收时,分包单位负责人应参加验收。

当参加验收各方对工程质量验收意见不一致时,可请当地建设行政主管部门或工程质量监督机构协调处理。即建筑工程质量验收意见不一致时的组织协调部门。协调部门可以是当地建设行政主管部门,或其委托的部门(单位),也可是各方认可的咨询单位。

六、建设工程竣工验收备案制度

单位工程质量验收合格后,建设单位应在规定时间内将工程竣工验收报告和有关文件,报建设行政管理部门备案。即建设工程竣工验收备案制度是加强政府监督管理,防止不合格工程流向社会的一个重要手段。建设单位应依据《建设工程质量管理条例》和建设部有关规定,到县级以上人民政府建设行政主管部门或其他有关部门备案。否则,不允许投入使用。

第四章　混凝土结构工程的质量控制

第一节　混凝土材料配合比的质量控制

一、混凝土特性缺陷

混凝土工程是建(构)筑物的重要组成部分,也往往是建(构)筑物承受荷载的主要部位,其质量好坏,直接关系整个建(构)筑物的安危和寿命,因此,对混凝土工程的施工质量必须特别重视,保证不出现任何足以影响混凝土结构性能的缺陷。施工时应根据工程特点、设计要求、材料供应情况以及施工部门的技术素质和管理水平,制订有效的保证混凝土质量的技术措施,按设计和施工验收规范要求认真施工,消除施工中常见的质量通病和缺陷,以确保工程质量。

(一)配合比不良

1.现象

混凝土拌合物松散,保水性差,易于泌水、离析,难以振捣密实,浇筑后达不到要求的强度。

2.原因分析

(1)混凝土配合比未经认真设计计算和试配,材料用量比例不当,水胶比大,砂浆少,石子多。

(2)使用原材料不符合施工配合比设计要求,水泥用量不够或受潮结块,活性降低;骨料级配差,含杂质多;水被污染,或砂石含水率未扣除。

(3)材料未采用称量,用体积比代替质量比,用手推车量度,或虽用磅秤计量,计量工具未经校验,误差大,材料用量不符合配合比要求。

(4)外加剂掺量未严格称量,加料顺序错误,混凝土未搅拌均匀,造成混凝土匀质性很差,性能达不到要求。

(5)质量管理不善,拌制时,随意增减混凝土组成材料用量,使混凝土配合比不准。

3. 防治措施

(1)混凝土配合比应经认真设计和试配,使符合设计强度和性能要求及施工和易性的要求,不得随意套用经验配合比。

(2)确保混凝土原材料质量,材料应经严格检验,水泥等胶凝材料应有质量证明文件,并妥善保管,袋装水泥应抽查其质量,砂石粒径、级配、含泥量应符合要求,堆场应经清理,防止杂草、木屑、石灰、黏土等杂物混入。

(3)严格控制混凝土配合比,保证计量准确,材料均应按质量比称量,计量工具应经常维修、校核,每班应复验1~2次。现场混凝土原材料配合比计量偏差,不得超过下列数值(按质量计):胶凝材料为±2%;粗、细骨料为±3%;拌合用水和外加剂为±1%。

(4)混凝土配合比应经试验室通过试验提出,并严格按配合比配料,不得随意加水。使用外加剂应先试验,严格控制掺用量,并按规程使用。

(5)混凝土拌制应根据粗、细骨料实际含水量情况调整加水量,使水胶比和坍落度符合要求。混凝土施工和易性及保水性不能满足要求时,应通过试验调整,不得在已拌好的拌合物中随意添加材料。

(6)混凝土运输应采用不易使混凝土离析、漏浆或水分散失的运输工具。

(二)和易性差

1. 现象

拌合物松散不易黏结,或黏聚力大、成团,不易浇筑;拌合物中水泥砂浆填不满石子间的孔隙;在运输、浇筑过程中出现分层离析,不易将混凝土振捣密实。

2. 原因分析

(1)水胶比与设计等级不匹配,水胶比过大,浆体包裹性差,容易离析;水胶比过小,浆体黏聚力过大、成团,不易浇筑。

(2)粗、细骨料级配质量差,空隙率大,配合比的砂率过小,难以将混凝土振捣密实。

(3)水胶比和混凝土坍落度过大,在运输时砂浆和石子离析,浇筑过程中不易控制其均匀性。

(4)计量工具未检验,误差较大,计量制度不严或采用了不正确的计量方法,造成配合比不准,和易性差。

(5)混凝土搅拌时间不够,没有搅拌均匀。

(6)配合比设计不符合施工工艺对和易性的要求。

(7)搅拌设备选择不当。

(8)运输设备的型号及外观选择不当。

3. 预防措施

(1)混凝土配合比设计、计算和试验方法,应符合有关技术规定。

(2)泵送混凝土配合比应符合标准要求,同时根据泵的种类、泵送距离、输送管径、浇筑方法、气候条件等确定。

(3)应合理选用水泥及矿物掺合料,以改善混凝土拌合物的和易性。

(4)原材料计量宜采用电子计量设备,应具有法定计量部门签发的有效鉴定证书,并应定期校验。

(5)在混凝土拌制和浇筑过程中,应按规定检查混凝土的坍落度或拓展度,每一工作班应不少于2次。混凝土浇筑时的坍落度按工程要求及需要采用。

(6)在一个工作班内,如混凝土配合比受外界因素影响而有变动时,应及时检查、调整。

(7)混凝土搅拌宜采用强制式搅拌机。

(8)随时检查混凝土搅拌时间。

(9)混凝土运输应采用混凝土搅拌运输车,外观宜采用白色,装料前将罐内积水排尽,装载混凝土后,拌筒应保持3~6 r/min的慢速转动,当混凝土需使用外加剂调整时,应快速搅拌罐体不少于120 s,运输过程中严禁加水。

(10)施工温度超过35 ℃,宜有隔热降温措施。

4. 治理方法

因和易性不好而影响浇筑质量的混凝土拌合物,只能用于次要构件(如沟盖板等),或通过试验调整配合比,适当掺加水泥砂浆量,增加砂率,二次搅拌后使用。

(三)外加剂使用不当

1. 现象

新拌混凝土泌水、分层、离析,工作性差,坍落度损失大,混凝土浇筑后,局部或大部分长时间不凝结硬化,硬化混凝土强度下降,收缩增大,短期内混凝土开裂,或已浇筑完的混凝土结构物表面起鼓包(俗称表面"开花")等。

2. 原因分析

(1)外加剂与水泥适应性不良。

(2)外加剂的产品质量不达标(如碱含量超标等)。

(3)以干粉状掺入混凝土中的外加剂(如硫酸钠早强剂)细度不符合要求,含有大量未碾细的颗粒,遇水膨胀,造成混凝土表面"开花"。

(4)掺外加剂的混凝土拌合物运输停放时间过长,造成坍落度、稠度损失过大。

(5)根据混凝土的功能,所选用的外加剂类型不当。

(6)外加剂的储存存在问题,导致外加剂浓度变化或发生化学反应。

3. 预防措施

(1)施工前应详细了解外加剂的品种和特性,比对外加剂与胶凝材料的适应性,正确合理选用外加剂品种,其掺加量应通过试验确定。

(2)混凝土中掺用的外加剂应按有关标准鉴定合格,并经试验符合施工要求才可使用。

(3)运到现场的不同品种、不同用途的外加剂应分别存放,妥善保管,防止混淆或变质。

(4)粉状外加剂要保持干燥状态,防止受潮结块。已经结块的粉状外加剂,应烘干碾细,过0.6 mm孔筛后使用。

(5)掺有外加剂的混凝土必须搅拌均匀,搅拌时间应适当延长。

(6)尽量缩短掺外加剂混凝土的运输和停放时间,减小坍落度损失。

(7)外加剂储存应确保装外加剂的罐体与外加剂无化学反应发生,确保各种环境下外加剂不沉积或结晶。

4. 治理方法

(1)宜使用液态匀质外加剂。

(2)因缓凝型减水剂掺入量过多而造成混凝土长时间不凝结硬化,可延长其养护时间,延缓拆模时间,后期混凝土强度经检定不受影响,可不处理,否则需采取加固或拆除重建等措施。

(3)混凝土表面鼓包,应剔除鼓包部分,用1∶2或1∶2.5砂浆修补。

二、混凝土配合比经验公式及应用

对于技术经验不够丰富的技术人员而言,为了在满足混凝土性能要求的前提下尽量降低混凝土成本,结合系统的验证试验结果和有关专家的技术经验,给出了不同水胶比下混凝土的用水量(混凝土中已掺加减水剂,该用水量为混凝土实际单位用水量,已扣除外加剂中的水分)和矿物掺合料掺量建议值,供参考。高强混凝土配合比,按照标准。

第二节　混凝土结构的表面质量及控制

一、表面缺陷

(一)麻面

1. 现象

混凝土表面出现缺浆和许多小凹坑与麻点,形成粗糙面,影响外表美观但无钢筋外露现象。

2. 原因分析

(1)模板表面粗糙或黏附有水泥浆渣等杂物未清理干净,或清理不彻底,拆模时混凝土表面被黏坏。

(2)木模板未浇水湿润或湿润不够,混凝土构件表面的水分被吸去,使混凝土失水过多而出现麻面。

(3)模板拼缝不严,局部露浆,使混凝土表面沿模板缝位置出现麻面。

(4)模板隔离剂涂刷不匀,或局部漏刷或隔离剂变质失效,拆模时混凝土表面与模板黏结,造成麻面。

(5)混凝土未振捣密实或振捣过度,造成气泡停留在模板表面形成麻面。

(6)拆模过早,使混凝土表面的水泥浆粘在模板上,也会产生麻面。

3. 预防措施

(1)模板表面应清理干净,不得粘有干硬水泥砂浆等杂物。

(2)浇筑混凝土前,模板应浇水充分湿润,并清扫干净。

(3)模板拼缝应严密,如有缝隙,应用海绵条、塑料条、纤维板或密封条堵严。

(4)模板隔离剂应选用长效的,涂刷要均匀,并防止漏刷。

(5)混凝土应分层均匀振捣密实,严防漏振,每层混凝土均应振捣至排出气泡为止。

(6)拆模不应过早。

4. 治理方法

(1)表面尚需作装饰抹灰的,可不作处理。

(2)表面不再作装饰的,应在麻面部分浇水充分湿润后,用原混凝土配合比(去石子)砂浆,将麻面抹平压光,使颜色一致。修补完后,应用草帘或草袋进行保湿养护。

(二)露筋

1. 现象

钢筋混凝土结构内部的主筋、副筋或箍筋等裸露在表面,没有被混凝土包裹。

2. 原因分析

(1)浇筑混凝土时,钢筋保护层垫块位移,或垫块太少甚至漏放,致使钢筋下坠或外移紧贴模板面而外露。

(2)结构、构件截面小,钢筋过密,石子卡在钢筋上,使水泥砂浆不能充满钢筋周围,造成露筋。

(3)混凝土配合比不当,产生离析,靠模板部位缺浆或模板严重露浆。

(4)混凝土保护层太小或保护层处混凝土漏振,或振捣棒撞击钢筋或踩踏钢筋,使钢筋位移,造成露筋。

(5)模板清理不净造成黏结或脱模过早,拆模时造成缺棱、掉角,导致露筋。

3. 预防措施

(1)浇筑混凝土前应加强检查,应保证钢筋位置和保护层厚度正确,发现偏差,及时纠正。

(2)钢筋密集时,应选用适当粒径的石子。石子最大颗粒尺寸不得超过结构截面最小尺寸的1/4,同时不得大于钢筋净距的3/4。截面较小钢筋较密的部位,宜用细石混凝土浇筑。

(3)混凝土应保证配合比准确和具有良好的和易性。

(4)浇筑高度超过3 m,应加长软管或设溜槽、串筒下料,以防止离析。

(5)模板应充分湿润并认真堵好缝隙。

(6)混凝土振捣时,严禁撞击钢筋,在钢筋密集处,可采用直径较小或带刀片的振动棒进行振捣;保护层处混凝土要仔细振捣密实,避免踩踏钢筋,如有踩踏或脱扣等应及时调直纠正。

(7)拆模时间要根据同条件试块试压结果正确掌握,防止过早拆模,损坏棱角。

4. 治理方法

(1)对表面露筋,刷洗干净后,用1∶2或1∶2.5水泥砂浆将露筋部位抹压平整,并认真养护。

(2)如露筋较深,应将薄弱混凝土和突出的颗粒凿去,洗刷干净后,用比原来高一强度等级的细石混凝土填塞压实,并认真养护。

(三)蜂窝

1. 现象

混凝土结构局部酥松,砂浆少、石子多,石子之间出现类似蜂窝状的大量空隙、窟窿,使结构受力截面受到削弱,强度和耐久性降低。

2. 原因分析

(1)混凝土配合比不当,或砂、石子、水泥材料计量错误,加水量不准确,造成砂浆少、石子多。

(2)混凝土搅拌时间不足,未搅拌均匀,和易性差,振捣不密实。

(3)混凝土下料不当,一次下料过多或过高,未设加长软管,使石子集中,造成石子与砂浆离析。

(4)混凝土未分段分层下料,振捣不实或靠近模板处漏振,或使用硬性混凝土,振捣时间不够;或下料与振捣未很好配合,未及时振捣就下料,因漏振而造成蜂窝。

(5)模板缝隙未堵严,振捣时水泥浆大量流失;或模板未支牢,振捣混凝土时模板松动或位移,或振捣过度造成严重漏浆。

3. 预防措施

(1)认真设计并严格控制混凝土配合比,加强检查,保证材料计量准确。

(2)混凝土应拌和均匀,坍落度应适宜。

(3)混凝土下料高度如超过 3 m,应设加长软管或设溜槽。

(4)浇筑应分层下料,分层捣固,防止漏振。

(5)混凝土浇筑宜采用带浆下料法或赶浆捣固法。捣实混凝土拌合物时,插入式振捣器移动间距不应大于其作用半径的 1.5 倍;振捣器至模板的距离不应大于振捣器有效作用半径的 1/2。为保证上下层混凝土良好结合,振捣棒应插入下层混凝土 50 mm;平板振捣器在相邻两段之间应搭接振捣 30 ~ 50 mm。

(6)混凝土每点的振捣时间,根据混凝土的坍落度和振捣有效作用半径。合适的振捣时间一般是:当振捣到混凝土不再显著下沉出现气泡和混凝土表面出浆呈水平状态,并将模板边角填满密实即可。

(7)模板缝应堵塞严密。浇筑混凝土过程中,要经常检查模板、支架、拼缝等情况,发现模板变形、走动或漏浆,应及时修复。

4. 治理方法

(1)对小蜂窝,用水洗刷干净后,用 1 ∶ 2 或 1 ∶ 2.5 水泥砂浆压实抹平。

(2)对较大蜂窝,先凿去蜂窝处薄弱松散的混凝土和突出的颗粒,刷洗干净后支模,用高一强度等级的细石混凝土堵塞捣实,并认真养护。

(3)较深蜂窝如清除困难,可埋压浆管和排气管,表面抹砂浆或支模灌混凝土封闭后,进行水泥压浆处理。

(四)孔洞

1. 现象

混凝土结构内部有尺寸较大的窟窿,局部或全部没有混凝土;蜂窝空隙特别大,钢筋局部或全部裸露;孔穴深度和长度均超过保护层厚度。

2. 原因分析

(1)在钢筋较密的部位或预留孔洞和埋设件处,混凝土下料被搁住,未振捣就继续浇筑上层混凝土,而在下部形成孔洞。

(2)混凝土离析,砂浆分离,石子成堆,严重跑浆,又未进行振捣,从而形成特大的蜂窝。

(3)混凝土一次下料过多、过厚或过高,振捣器振动不到,形成松散孔洞。

(4)混凝土内掉入工具、木块、泥块等杂物,混凝土被卡住。

3. 预防措施

(1)在钢筋密集处及复杂部位,采用细石混凝土浇筑,使混凝土易于充满模板,并仔细捣实,必要时,辅以人工捣实。

(2)预留孔洞、预埋铁件处应在两侧同时下料,下部浇筑应在侧面加开浇灌口下料;振捣密实后再封好模板,继续往上浇筑,防止出现孔洞。

(3)采用正确的振捣方法,防止漏振。插入式振捣器应采用垂直振捣方法,即振捣棒与混凝土表面垂直或成40°~45°角斜向振捣。插点应均匀排列,可采用行列式或交错式顺序移动,不应混用,以免漏振。每次移动距离不应大于振捣棒作用半径的1.5倍。一般振捣棒的作用半径为300~400 mm。振捣器操作时应快插慢拔。

(4)控制好下料,混凝土自由倾落高度不应大于3 m,大于3 m时应采用加长软管或设溜槽、串筒的方法下料,以保证混凝土浇筑时不产生离析。

(5)砂石中混有黏土块、模板、工具等杂物掉入混凝土内,应及时清除干净。

(6)加强施工技术管理和质量控制工作。

4. 治理方法

(1)对混凝土孔洞的处理,应经有关单位共同研究,制订修补或补强方案,经批准后方可处理。

(2)一般孔洞处理方法是:将孔洞周围的松散混凝土和软弱浆膜凿除,用压力水冲洗,支设带托盒的模板,洒水充分湿润后,用比结构高一强度等级的半干硬性细石混凝土仔细分层浇筑,强力捣实,并养护。突出结构面的混凝土,须待达到50%强度后再凿去,表面用1∶2水泥砂浆抹光。

(3)对面积大而深进的孔洞,按(2)项清理后,在内部埋压浆管、排气管,填清洁的碎石(粒径10~20 mm),表面抹砂浆或浇筑薄层混凝土,然后用水泥压力灌浆方法进行处理,使之密实。

(五)烂根

1. 现象

基础、柱、墙混凝土浇筑后,与基础、柱、台阶或柱、墙、底板交接处出现蜂窝状空隙,台阶或底板混凝土被挤隆起。

2. 原因分析

基础、柱或墙根部混凝土浇筑后,接着往上浇筑,由于此时台阶或底板部分混凝土尚未沉实凝固,在重力作用下被挤隆起,而根部混凝土向下脱落形成蜂窝和空隙(俗称“烂脖子”或“吊脚”)。由于根部不平整、清理不干净,竖向构件模板不严密,振捣不及时、不到位而形成根部松散夹层或空隙。

3. 预防措施

(1)基础、柱、墙根部应在下部台阶(板或底板)混凝土浇筑完间歇 1 ~ 1.5 h,沉实后,再浇上部混凝土,以阻止根部混凝土向下滑动。

(2)基础台阶或柱、墙底板浇筑完后,在浇筑上部基础、台阶或柱、墙前,应先沿上部基础台阶或柱、墙模板底圈做成内外坡度,待上部混凝土浇筑完毕,再将下部台阶或底板混凝土铲平、拍实、拍平。

(3)接槎前先要将根部清理干净,去掉松散混凝土,并密封好竖向模板根部的缝隙,确保不漏浆,浇筑时根据构件情况先浇筑一层 50 ~ 100 mm 厚与浇筑混凝土同配合比的减石子砂浆。

4. 治理方法

将"烂脖子"处松散混凝土和软弱颗粒凿去,洗刷干净后支模,用比原混凝土高一强度等级的细石混凝土填补,并捣实。

(六)酥松脱落

1. 现象

混凝土结构构件浇筑脱模后,表面出现酥松、脱落等现象,表面强度比内部要低很多。

2. 原因分析

(1)木模板未浇水湿透,或湿润不够,混凝土表层水泥水化的水分被吸去,造成混凝土脱水酥松、脱落。

(2)炎热刮风天浇筑混凝土,脱模后未适当浇水养护造成混凝土表层快速脱水产生酥松。

(3)冬期低温浇筑混凝土,浇灌温度低,未采取保温措施,结构混凝土表面受冻,造成酥松、脱落。

3. 预防措施

(1)模板要清理干净,充分润湿。

(2)脱模后要及时护盖养护,尤其在炎热、大风天气,必要时可覆盖一层塑料薄膜保湿养护。

(3)冬期施工应注意模板保温,以及脱模后的保温保湿。

4. 治理方法

(1)表面较浅的酥松脱落,可将酥松部分凿去,洗刷干净充分湿润后,用 1 : 2 或 1 : 2.5 水泥砂浆抹平压实。

(2)较深的酥松脱落,可将酥松和突出颗粒凿去,刷洗干净、充分湿润后支模,用比结构高一强度等级的细石混凝土浇筑,强力捣实,并加强养护。

(七)缝隙、夹层

1.现象

混凝土内部存在水平或垂直的松散混凝土或夹杂物,使结构的整体性受到破坏。

2.原因分析

(1)施工缝或后浇缝带,未经接缝处理,未将表面水泥浆膜和松动石子清除掉,或未将软弱混凝土层及杂物清除、湿润,就继续浇筑混凝土。

(2)大体积混凝土分层浇筑,在施工间歇时,施工缝处掉入锯屑、泥土、木块、砖块等杂物,未认真检查清理或未清除干净,就浇筑混凝土,使施工缝处有层夹杂物。

(3)混凝土浇筑高度过大,未设加长软管、溜槽下料,造成底层混凝土离析。

(4)底层交接处未灌接缝砂浆层,接缝处混凝土未很好振捣密实;浇筑混凝土接缝时,留槎或接槎时振捣不足。

(5)柱头浇筑混凝土时,间歇时间很长,常掉进杂物,未认真处理就浇筑上层柱混凝土,造成施工缝处形成夹层。

3.预防措施

(1)认真按施工验收规范要求处理施工缝及后浇缝表面;接缝处的锯屑、木块、泥土、砖块等杂物必须彻底清除干净,并将接缝表面洗净。

(2)混凝土浇筑高度大于3 m时,应设加长软管或设溜槽下料。

(3)在施工缝或后浇缝处继续浇筑混凝土时,应注意以下几点:①浇筑柱、梁、楼板、墙、基础等,应连续进行,则按施工缝处强度不低于1.2 MPa时,才允许继续浇筑。②大体积混凝土浇筑,可采取对混凝土进行二次振捣,以提高接缝的强度和密实度。方法是对先浇筑的混凝土终凝前后(4~6 h)再振捣一次,然后再浇筑上一层混凝土。③在已硬化的混凝土表面上,继续浇筑混凝土前,应清除水泥薄膜和松动石子以及软弱混凝土层,并加以充分湿润并冲洗干净,且不得积水。④接缝处浇筑混凝土前应铺一层水泥浆或浇50~100 mm厚与混凝土内成分相同的水泥砂架,或100~150 mm厚减半石子混凝土,以利良好结合,并加强接缝处混凝土振捣使之密实。⑤在模板上沿施工缝位置通条开口,以便于清理杂物和冲洗。全部清理干净后,将通条开口封板,并抹水泥浆或减石子混凝土砂浆,再浇筑混凝土。

(4)承受动力作用的设备基础,施工缝要进行下列处理。

①标高不同的两个水平施工缝,其高低结合处应留成台阶形,台阶的高宽比不得大于1.0;②垂直施工缝处应加插钢筋,其直径为12~16 mm,长度为500~600 mm,间距为500 mm,在台阶式施工缝的垂直面也应补插钢筋;③施工缝的混凝土表面应凿毛,在继续浇筑混凝土前,应用水冲洗干净,湿润后在表面上抹10~15 mm厚与混凝土内成分相同的一层

水泥砂浆。

4. 治理方法

(1)缝隙夹层不深时,可将松散混凝土凿去,洗刷干净后,用1∶2或1∶2.5水泥砂浆强力填嵌密实。

(2)缝隙夹层较深时,应清除松散部分和内部夹杂物,用压力水冲洗干净后支模,强力灌细石混凝土捣实,或将表面封闭后进行压浆处理。

(八)缺棱掉角

1. 现象

结构构件边角处或洞口直角边处,混凝土局部脱落,造成截面不规则,棱角缺损。

2. 原因分析

(1)木模板在浇筑混凝土前未充分浇水湿润;混凝土浇筑后养护不好,棱角处混凝土的水分被模板大量吸收,造成混凝土脱水,强度降低,或模板吸水膨胀将边角拉裂,拆模时棱角被粘掉。

(2)冬期低温下施工,过早拆除侧面非承重模板,或混凝土边角受冻,造成拆模时掉角。

(3)拆模时,边角受外力或重物撞击,或保护不好,棱角被碰掉。

(4)模板未涂刷隔离剂,或涂刷不均。

(5)模板清理不干净、遗留砂浆块等。

(6)施工中穿行的手推车以及拆模过程中的人为疏忽而导致棱角被破坏。

3. 预防措施

(1)木模板在浇筑混凝土前应充分湿润,混凝土浇筑后应认真浇水养护。

(2)拆除侧面非承重模板时,混凝土应具有1.2 MPa以上强度。

(3)拆模时注意保护棱角,避免用力过猛、过急;吊运模板时,防止撞击棱角;运料时,通道处的混凝土阳角,用角钢、草袋等保护好,以免碰损。

(4)冬期混凝土浇筑完毕,应做好覆盖保温工作,防止受冻。

(5)拆模后应及时对易碰撞部位进行有效防护。

4. 治理方法

(1)较小缺棱掉角,可将该处松散颗粒凿除,用钢丝刷干净,清水冲洗并充分湿润后,用1∶2或1∶2.5的水泥砂浆抹补齐整。

(2)对较大的缺棱掉角,可将不实的混凝土和突出的颗粒凿除,用水冲刷干净湿透,然后支模,用比原混凝土高一强度等级的细石混凝土填灌捣实,并认真养护。

（九）松顶

1. 现象

混凝土柱、墙、基础浇筑后，在距顶面 50 ~ 100 mm 高度内出现粗糙、松散，有明显的颜色变化，内部呈多孔性，基本上是砂浆，无石子分布其中，强度较下部低，影响结构的受力性能和耐久性，经不起外力冲击和磨损。

2. 原因分析

（1）混凝土配合比不当，砂率不合适，水灰比过大，混凝土浇筑后石子下沉，造成上部松顶。

（2）振捣时间过长，造成离析，并使气体浮于顶部。

（3）混凝土的泌水没有排除，使顶部形成一层含水量大的砂浆层。

3. 预防措施

（1）设计的混凝土配合比、水灰比不要过大，以减少泌水性，同时应使混凝土拌合物有良好的保水性。

（2）在混凝土中掺加加气剂或减水剂，减少用水量，提高和易性。

（3）混凝土振捣时间不宜过长，应控制在 20 s 以内，不使其产生离析。混凝土浇至顶层时应排出泌水，并进行二次振捣和二次抹面。

（4）连续浇筑高度较大的混凝土结构时，随着浇筑高度的上升，应分层减水。

（5）采用真空吸水工艺，将多余游离水分吸去，提高顶部混凝土的密实性。

4. 治理方法

将松顶部分砂浆层凿去，洗刷干净充分湿润后，用较高强度等级的细石混凝土填筑密实，并认真养护。

二、外形尺寸偏差

（一）表面不平整

1. 现象

混凝土表面凹凸不平，或板厚薄不一，表面不平，甚至出现凹坑脚印。

2. 原因分析

（1）混凝土浇筑后，表面仅用铁锹拍平，未使用大杠、抹子找平压光，造成表面粗糙不平。

(2)模板未支撑在坚硬土层上,或支撑面不足,或支撑松动,土层浸水,致使新浇筑混凝土早期养护时发生不均匀下沉。

(3)混凝土未达到一定强度时,上人操作或运料,使表面出现凹陷不平或印痕。

3. 预防措施

表面局部黏土可用1∶2水泥砂浆修补。

(二)位移、倾斜

1. 现象

基础、柱、梁、墙以及预埋件中心线对定位轴线,产生一个方向或两个方向的偏移位移(称位移),或柱、墙垂直产生一定的偏斜(称倾斜),其位移或倾斜值均超过允许偏差值。

2. 原因分析

(1)模板支设不牢固或斜撑支顶在松软地基上使混凝土振捣时产生位移或倾斜。如杯形基础杯口采用悬挂吊模法,底部、上口如固定不牢,常产生较大的位移或倾斜。

(2)门洞口模板及预埋件固定不牢靠,混凝土浇筑、振捣方法不当,造成门洞口和预埋件产生较大的位移。

(3)放线出现较大误差,没有认真检查和校正,或没有及时发现和纠正,造成轴线累积误差过大,或模板就位时没有认真吊线找直,致使结构发生歪斜。

3. 预防措施

(1)模板应固定牢靠;对独立基础杯口部分如采用吊模时,要采取措施将吊模固定好,不得松动,以保持模板在混凝土浇筑时不致产生较大的水平位移。

(2)模板应拼缝严密,并支顶在坚实的地基上,无松动;螺栓应紧固可靠,标高、尺寸应符合要求,并应检查核对以防止施工过程中发生位移或倾斜。

(3)门洞口模板及各种预埋件应支设牢固,保证位置和标高准确,检查合格后,才能浇筑混凝土。

(4)现浇框架柱群模板应左右均拉线以保持稳定;现浇柱预制梁结构,柱模板四周应支设斜撑或斜拉杆,用法兰螺栓调节,以保证其垂直度。

(5)测量放线位置线要弹准确,认真吊线找直,及时调整误差,以消除误差累积,并仔细检查、核对,保证施工误差不超过允许偏差值。

(6)浇筑混凝土时防止冲击门口模板和预埋件,坚持门洞口两侧混凝土对称均匀进行浇筑和振捣。柱浇筑混凝土时,每排柱子底由外向内对称顺序进行,不得由一端向另一端推进,以防止柱模板发生倾斜。独立柱混凝土初凝前,应对其垂直度进行一次校核,如有偏差应及时调整。

(7)振捣混凝土时,不得冲击振动钢筋、模板及预埋件,以防止模板产生变形或预埋件位移或脱落。

4. 治理方法

(1)凡位移、倾斜不影响结构质量时,可不进行处理;如只需进行少量局部剔凿和修补处理时,应适当修整。一般可用 1∶2 或 1∶2.5 水泥砂浆或比原混凝土高一强度等级的细石混凝土进行修补。

(2)当位移、倾斜影响结构受力性能时,可根据具体情况,采取结构加固或局部返工处理。

(三)凹凸、鼓胀

1. 现象

柱、墙、梁等混凝土表面出现凹凸和鼓胀,偏差超过允许值。

2. 原因分析

(1)模板支架支承在松软地基上,不牢固或刚度不够,混凝土浇筑后局部产生较大的侧向变形,造成凹凸或鼓胀。

(2)模板支撑不够或穿墙螺栓未锁紧,致使结构膨胀。

(3)混凝土浇筑未按操作规程分层进行,二次下料过多或用吊斗直接往模板内倾倒混凝土,或振捣混凝土时长时间振动钢筋、模板,造成跑模或较大变形。

(4)组合柱浇筑混凝土时利用半砖外墙作模板,由于该处砖墙较薄,侧向刚度差,使组合柱容易发生鼓胀,同时影响外墙平整。

3. 预防措施

(1)模板支架及墙模板斜撑必须安装在坚实的地基上,并应有足够的支承面积,以保证结构不发生下沉。如为湿陷性黄土地基,应有防水措施,防止浸水面造成模板下沉变形。

(2)柱模板应设置足够数量的柱箍,底部混凝土水平侧压力较大,柱箍还应适当加密。

(3)混凝土浇筑前应仔细检查模板位置是否正确,支撑是否牢固,穿墙螺栓是否锁紧,发现松动,应及时处理。

(4)墙浇筑混凝土应分层进行,第一层混凝土浇筑厚度为 50 cm,然后均匀振捣;上部墙体混凝土分层浇筑;每层厚度不得大于 1.0 m,防止混凝土一次下料过多。

(5)为防止构造柱浇筑混凝土时发生鼓胀,应在外墙每隔 1 m 设两根拉条,与构造柱模板或内墙拉结。

4. 治理方法

(1)凡凹凸、鼓胀不影响结构质量时,可不进行处理;如只需要进行局部剔凿和修补处理时,应适当修整。一般可用 1∶2 或 1∶2.5 水泥砂浆或比原混凝土高一强度等级的细石混凝土进行修补。

(2)凡凹凸、鼓胀影响结构受力性能时,应会同有关部门研究处理方案后,再进行处理。

三、混凝土结构外观质量标准、尺寸偏差及检验方法

(一)一般规定

(1)混凝土结构的外观质量缺陷,应由监理(建设)单位、施工单位等各方根据其对结构性能和使用功能影响的严重程度。

(2)混凝土结构拆模后,应由监理(建设)单位、施工单位对外观质量和尺寸偏差进行检查,做出记录,并应及时按施工技术方案对缺陷进行处理。

(二)外观质量

(1)主控项目。混凝土结构的外观质量不应有严重缺陷。对已经出现的严重缺陷,应由施工单位提出技术处理方案,并经监理(建设)单位认可后进行处理。对经处理的部位,应重新检查验收。

检验方法:观察、检查技术处理方案。

(2)一般项目。混凝土结构的外观质量不宜有一般缺陷。对已经出现的一般缺陷,应由施工单位按技术处理方案进行处理,并重新检查验收。

检查数量:全数检查。

检验方法:观察、检查技术处理方案。

(三)尺寸偏差

(1)主控项目。混凝土结构不应有影响结构性能和使用功能的尺寸偏差。混凝土设备基础不应有影响结构性能和设备安装的尺寸偏差。

对超过尺寸允许偏差且影响结构性能和安装、使用功能的部位,应由施工单位提出技术处理方案,并经监理(建设)单位认可后进行处理。对经处理的部位,应重新检查验收。

检验方法:量测,检查技术处理方案。

(2)一般项目。混凝土结构拆模后的尺寸偏差应符合规定。

检查数量:按楼层、结构缝或施工段划分检验批。在同一检验批内,对梁、柱和独立基础,应抽查构件数量的10%,且不少于3件;对墙和板,应按有代表性的自然间抽查10%,且不少于3间;对大空间结构,墙可按相邻轴线间高度5 m左右划分检查面,板可按纵、横轴线划分检查面,抽查10%,且均不少于3面;对电梯井,应全数检查;对设备基础,应全数检查。

第三节 混凝土结构的内部质量问题

一、匀质性差，强度达不到要求

1. 现象

同批混凝土试块抗压强度平均值低于设计强度等级标准值的85%，或同批混凝土中个别试件强度值过高或过低，出现异常。

2. 原因分析

(1)水泥过期或受潮，活性降低；砂石骨料级配不好，空隙率大，含泥量和杂质超过规定或有冻块混入；外加剂使用不当，掺量不准确。

(2)混凝土配合比不当，计量不准，袋装水泥重量不足，计量器具失灵，施工中随意加水，或没有扣除砂石的含水量，使水灰比和坍落度增大。

(3)混凝土加料顺序颠倒，搅拌时间不够，拌和不匀。

(4)冬期低温施工，未采取保温措施，拆模过早，混凝土早期受冻。

(5)混凝土试块没有代表性，试模保管不善，混凝土试块制作未振捣密实，养护管理不当，或养护条件不符合要求；在同条件养护时，早期脱水、受冻或受外力损伤。

(6)混凝土拌合物搅拌至浇筑完毕的延续时间过长，振捣过度，养护差，使混凝土强度受到损失。

3. 预防措施

(1)水泥应有出厂合格证，并应加强水泥保存和管理工作，要求新鲜无结块。水泥使用过程中，当对质量产生怀疑或超过使用期时，应进行复验，并按复验结果使用。

(2)砂与石子粒径、级配、含泥量应符合要求。

(3)严格控制混凝土配合比，保证计量准确，及时测量砂、石含水量并扣除用水量。

(4)混凝土应按顺序加料、拌制，保证搅拌时间，拌和均匀。

(5)冬期施工应根据环境大气温度情况，保持一定的浇筑温度，认真做好混凝土结构的保温和测温工作，防止混凝土早期受冻。混凝土的受冻临界强度应符合下列规定：①采用蓄热法、暖棚法、加热法施工的混凝土，不得小于混凝土设计强度标准值的40%；②采用综合蓄热法、负温养护法施工的混凝土，当室外最低气温不低于-10 ℃时，不得小于3.5 MPa；当室外最低温度低于-10 ℃但不低于-15 ℃时，不得小于4.0 MPa；当室外最低温度低于-15 ℃但不低于-30 ℃时，不得小于5.0 MPa；③强度等级不低于C60以及有抗冻融、抗渗要求的混凝土，其受冻临界强度应经试验确定。

（6）按施工验收规范要求认真制作混凝土试块，并加强对试块的管理和养护。

4. 治理方法

（1）当试块试压结果与要求相差悬殊，或试块合格而对混凝土结构实际强度有怀疑，或出现试块丢失、编号错乱、未做试块等情况时，可采用非破损方法（如回弹法、超声法）来测定结构的实际强度，如强度仍不能满足要求经有关人员研究查明原因，采取必要措施进行处理。

（2）当混凝土强度偏低，不能满足要求时，可按实际强度校核结构的安全度，研究处理方案，采取相应的加固或补强措施。

（3）混凝土结构工程冬期施工养护可采取蓄热法、综合蓄热法、负温养护法进行养护，若以上方法不能满足施工要求时，可采用暖棚法、蒸汽套法、热模法、内部通汽法、电极加热法、电热毯法、工频涡流法、线圈感应法等方法加热养护。

二、保护性能不良

1. 现象

钢筋混凝土结构的混凝土保护层遭受破坏，或混凝土的保护性能不良，钢筋发生锈蚀，铁锈膨胀引起混凝土开裂。

2. 原因分析

（1）施工时造成的混凝土表面缺陷，如缺棱掉角、露筋、蜂窝、孔洞和裂缝等没有处理或处理不良，在外界不良环境条件作用下，使钢筋锈蚀、膨胀剥落。

（2）钢筋混凝土内掺入过量的氯盐外加剂或在不允许使用氯盐的环境中，使用了含有氯盐成分的外加剂，造成钢筋锈蚀，混凝土沿钢筋产生裂缝、剥落。

（3）冬期施工混凝土结构构件未保温，混凝土早期遭受冻结，使表层出现裂缝、剥落、钢筋锈蚀。

3. 预防措施

（1）混凝土施工形成的表面缺陷应及时仔细进行修补，并应确保修补质量。

（2）钢筋混凝土中氯离子含量不得超过胶凝材料总量的0.1%（对于《混凝土结构设计规范》规定的三类b环境）~0.3%（对于《混凝土结构设计规范》规定的一类环境）。

（3）结构在冬期施工配制混凝土应采用普通水泥、低水灰比，掺加适量早强抗冻剂以提高早期强度，防止受冻。

4. 治理方法

（1）一般混凝土裂缝可用结构胶泥封闭；对较宽较深的裂缝，用聚合物砂浆补缝或再加贴玻璃布处理。

（2）对于已腐蚀的钢筋，应彻底清除铁锈，凿除与钢筋结合不牢固的混凝土和松散颗粒，用清水冲洗充分湿润后，再用比原混凝土高一个强度等级的细石混凝土填补密实，并认真养护。

（3）大面积钢筋腐蚀膨胀引起的裂缝，应会同设计等单位研究制订处理方案，经批准后再进行处理。

三、预埋件空鼓

1. 现象

混凝土结构预埋件钢板与混凝土之间存在空隙，用小锤轻轻敲击时，发出空鼓回声，影响预埋件的受力、使用功能和耐久性。

2. 原因分析

（1）混凝土浇筑时在预埋件和混凝土之间没有很好捣实，或没有辅以人工捣实。

（2）混凝土水灰比和坍落度过大，混凝土干缩后在预埋件与混凝土之间形成空隙。

（3）浇筑方法不当，使预埋件背面的混凝土气泡和泌水无法排出，形成空鼓。

3. 预防措施

（1）预埋件背面的混凝土应仔细振捣并辅以人工捣实。水平预埋件下面的混凝土应采用赶浆法浇筑，由一侧下料振捣，另一侧挤出，并辅以人工横向插捣，使其达到密实、无气泡为止。

（2）预埋件背面的混凝土应采用干硬性混凝土浇筑，以减少干缩。

（3）水平预埋件应在钢板上钻 1 ~2 个排气孔，以利气泡和泌水排出。

4. 治理方法

（1）如在浇筑时发现空鼓，应立即将未凝结的混凝土挖出，重新填充混凝土并插捣。

（2）如在混凝土硬化后发现空鼓，可在钢板外侧凿 2 ~3 个小孔，用二次压浆法压灌饱满。

第四节　混凝土结构裂缝及裂缝控制

裂缝是现浇混凝土工程中常遇的一种质量通病。裂缝的类型很多,按产生的原因有:外荷载(包括施工和使用阶段的静荷载、动荷载)引起的裂缝;物理因素(包括温度湿度变化、不均匀沉降、冻胀等)引起的裂缝;化学因素(包括钢筋锈蚀、化学反应膨胀等)引起的裂缝;施工操作(如脱模撞击、养护等)引起的裂缝。按裂缝的方向、形状有:水平裂缝、垂直裂缝、纵向裂缝、横向裂缝、斜向裂缝等。按裂缝的深浅有:表面裂缝、深进裂缝和贯穿性裂缝等。

裂缝存在是混凝土工程的隐患,例如表面细微裂缝,极易吸收侵蚀性气体或水分。当气温低于-3 ℃时,水分结冰体积膨胀,会进一步扩大裂缝宽度和深度。如此循环扩大,将影响整个工程的安全;深进较宽的裂缝,受水分和气体侵入,会直接锈蚀钢筋,锈点膨胀体积比原体积胀大7倍,会加速裂缝的发展,将引起保护层的剥落,使钢筋不能有效地发挥作用;深进的裂缝会使结构整体受到破坏。由此可知,裂缝的存在会明显地降低结构构件的承载力、持久强度和耐久性,有可能使结构在未达到设计要求的荷载前就造成破坏。

裂缝产生的原因比较复杂,往往由多种综合因素所构成,除承受荷载或外力冲击形成的裂缝外,在施工过程中形成的裂缝一般有下列几种。

一、塑性收缩裂缝

(一)现象

塑性收缩裂缝简称塑性裂缝,多在新浇筑的基础、墙、梁、板暴露于空气中的上表面出现,形状接近直线,长短不一,互不连贯,裂缝较浅产生的泥浆面。大多在混凝土初凝后(一般在浇筑后4 h左右),当外界气温高、风速大、气候很干燥的情况下出现。

(二)原因分析

(1)混凝土浇筑后,表面没有及时覆盖,受风吹日晒,表面游离水分蒸发过快,产生剧烈的体积收缩,而此时混凝土早期强度低,不能抵抗这种收缩应力而导致开裂。

(2)使用收缩较大的水泥;水泥含量过多,或使用过量的粉砂,或混凝土水灰比过大。

(3)混凝土流动度过大,模板、垫层过于干燥,吸水大。

(4)浇筑在斜坡上的混凝土,由于重力作用有向下流动的倾向,也是导致这类裂缝出现的因素。

（三）预防措施

（1）配制混凝土时，应严格控制水灰比和水泥用量，选择级配良好的石子，减小空隙率和砂率；同时，要振捣密实，以减小收缩量，提高混凝土早期的抗裂强度。

（2）浇筑混凝土前，将基层和模板浇水湿透，避免吸收混凝土中的水分。

（3）混凝土浇筑后，对裸露表面应及时用潮湿材料覆盖，认真养护、防止强风吹袭和烈日暴晒。

（4）在气温高、湿度低或风速大的天气施工时，混凝土浇筑后，应及早进行喷水养护，使其保持湿润；分段浇筑混凝土宜浇完一段，养护一段。在炎热季节，要加强表面的抹压和养护。

（5）在混凝土表面喷养护剂，或覆盖塑料薄膜或湿草袋，使水分不易蒸发。

（6）加设挡风设施，以降低作用于混凝土表面的风速。

（四）治理方法

（1）如混凝土仍保持塑性，可及时压抹一遍或重新振捣的方法来消除裂缝，再加强覆盖养护。

（2）如混凝土已硬化，可向裂缝内装入干水泥粉，然后加水润湿，或在表面抹薄层水泥砂浆进行处理。

二、沉降收缩裂缝

（一）现象

沉降收缩裂缝简称沉降裂缝，多沿基础、墙、梁、板上表面钢筋通长方向或箍筋上或靠近模板处断续出现，或在预埋件的附近周围出现。裂缝呈梭形，宽度 0.3 ~ 0.4 mm，深度不大，一般到钢筋上表面为止，在钢筋的底部形成空隙。多在混凝土浇筑后发生，混凝土硬化后即停止。

（二）原因分析

（1）混凝土浇筑振捣后，粗骨料沉落，挤出水分、空气，表面呈现泌水，而形成竖向体积缩小沉落，这种沉落受到钢筋、预埋件、模板、大的粗骨料以及先期凝固混凝土的局部阻碍或约束，或混凝土本身各部相互沉降量相差过大而造成裂缝。

（2）混凝土保护层不足，混凝土沉降受到钢筋的阻碍，常在箍筋方向产生一道道横向沉降裂缝。

（三）预防措施

（1）加强混凝土配制和施工操作控制，不使水灰比、砂率、坍落度过大；振捣要充分，但避免过度。

(2)对于截面相差较大的混凝土构筑物,可先浇筑较深部位,静停2~3 h,待沉降稳定后,再与上部截面混凝土同时浇筑,以避免沉降过大导致裂缝。

(3)在混凝土初凝、终凝前分别进行抹面处理,每次抹面可采用铁板压光磨平两遍或用木抹子抹平搓毛两遍。

(4)适当增加混凝土保护层的厚度。

(四)治理方法

可参见“塑性收缩裂缝”的治理方法。

三、干燥收缩裂缝

(一)现象

干燥收缩裂缝简称干缩裂缝,它的特征为表面性的,宽度较细(多在0.05~0.2 mm),走向纵横交错,没有规律性,裂缝分布不均。但对基础、墙、较薄的梁板类结构,多沿短方向分布;整体性变截面结构多发生在结构变截面处,大体积混凝土在平面部位较为多见,侧面也时有出现。这类裂缝一般在混凝土露天养护完毕经一段时间后,在上表面或侧面出现,并随湿度的变化而变化,表面强烈收缩可使裂缝由表及里、由小到大逐步向深部发展。

(二)原因分析

(1)混凝土结构成型后,没有覆盖养护,受到风吹日晒,表面水分散失快,体积收缩大,而内部湿度变化很小,收缩也小。因而表面收缩变形受到内部混凝土的约束,出现拉应力,引起混凝土表面开裂。

(2)混凝土结构长期裸露在露天,未及时回填土或封闭,处于时干时湿状态,使表面湿度经常发生剧烈变化。

(3)采用含泥量大的粉砂配制混凝土,收缩大,抗拉强度低。

(4)混凝土过度振捣会导致收缩量增大。

(三)预防措施

(1)混凝土水泥用量、水灰比和砂率不能过大;提高粗骨料含量,以降低干缩量。

(2)严格控制砂石含泥量,避免使用过量粉砂。

(3)混凝土应振捣密实,但避免过度振捣;在混凝土初凝前和终凝前,均进行抹面处理,以提高混凝土的抗拉强度,减少收缩量。

(4)加强混凝土早期养护,并适当延长养护时间。暴露在露天的混凝土应及早回填或封闭,避免发生过大的湿度变化。

(5)参见“塑性收缩裂缝”的预防措施(2)~(5)。

（四）治理方法

参见“塑性收缩裂缝”的治理方法(2)。

四、温度裂缝

（一）现象

温度裂缝又称温差裂缝，表面温度裂缝走向无一定规律性，长度尺寸较大的基础、墙、梁、板类结构，裂缝多平行于短边；大体积混凝土结构的裂缝常纵横交错。深进的和贯穿的温度裂缝，一般与短边方向平行或接近于平行，裂缝沿全长分段出现，中间较密。裂缝宽度大小不一，一般在0.5 mm以下，沿全长没有多大变化。表面温度裂缝多发生在施工期间，深进的或贯穿的多发生在浇筑后2~3个月或更长时间，缝宽受温度变化影响较明显，冬季较宽，夏季较细。沿截面高度，裂缝大多呈上宽下窄状，但个别也有下宽上窄的情况，遇顶部或底板配筋较多的结构，有时也出现中间宽两端窄的梭形裂缝。

（二）原因分析

(1)表面温度裂缝，多由温差较大引起。混凝土结构构件，特别是大体积混凝土基础浇筑后，在硬化期间水泥放出大量水化热，内部温度不断上升，使混凝土表面和内部温差较大。当温度产生非均匀性降温时（如施工中注意不够而过早拆除模板；冬期施工过早除掉保温层，或受到寒潮袭击），将导致混凝土表面急剧的温度变化而发生较大的温降收缩，此时表面受到内部混凝土的约束，将产生很大的拉应力（内部温降慢，受自身约束而产生压应力），而混凝土早期抗拉强度很低，因而出现裂缝。但这种温差仅在表面处较大，离开表面就很快减弱，因此，裂缝只在接近表面较浅的范围内出现，表面层以下的结构仍保持完整。

(2)深进的和贯穿的温度裂缝多是由结构温差较大，受到外界的约束而引起的。当大体积混凝土基础、墙体浇筑在坚硬地基（特别是岩石地基）或厚大的旧混凝土垫层上时，没有采取隔离层等放松约束的措施，如果混凝土浇筑时温度很高，加上水泥水化热的温升很大，使混凝土的温度很高，当混凝土降温收缩，全部或部分受到地基、混凝土垫层或其他外部结构的约束，将会在混凝土内部出现很大的拉应力，产生降温收缩裂缝。这类裂缝较深，有时是贯穿性的，将破坏结构的整体性。基础工程长期不回填，受风吹日晒或寒潮袭击作用；框架结构的梁、墙板、基础梁，由于受到刚度较大的柱、基础的约束，降温时也常出现这类裂缝。

(3)采用蒸汽养护的结构构件，混凝土降温制度控制不严，降温过速，使混凝土表面急剧降温，而受到内部的约束，常导致结构表面出现裂缝。

（三）预防措施

1. 一般结构预防措施

(1)合理选择原材料和配合比，采用级配良好的石子；砂、石含泥量控制在规定范围内；

在混凝土中掺加减水剂,降低水灰比;严格施工,分层浇筑振捣密实,以提高混凝土的抗拉强度。

(2)细长结构构件,采用分段间隔浇筑,适当设置施工缝或后浇缝,以减小约束应力。

(3)在结构薄弱部位及孔洞四角、多孔板板面,适当配置必要的细直径温度筋,使其对称均匀分布,以提高极限拉伸值。

(4)蒸汽养护结构构件时,控制升温速度不大于15 ℃/h,降温速度不大于10 ℃/h,避免急热急冷,引起过大的温度应力。

(5)加强混凝土的养护和保温,控制结构与外界温度梯度在25 ℃范围以内。混凝土浇筑后,裸露表面及时喷水养护,夏季应适当延长养护时间,以提高抗裂能力。冬季应适当延长保温和脱模时间,使缓慢降温,以防温度骤变,温差过大引起裂缝。基础部分及早回填,保湿保温,减少温度收缩裂缝。

2. 大体积结构预防措施

(1)大体积混凝土配合比设计应符合下列规定:①在保证混凝土强度及坍落度要求的前提下,应采用提高掺合料及骨料的含量等措施降低水泥用量,并宜采用低水化热水泥;②最大胶凝材料用量不宜超过450 kg/m^3;③温控要求较高的大体积混凝土,其胶凝材料用量、品种等宜通过水化热和绝热温升试验确定;④宜采用聚羧酸系减水剂。

(2)宜采用混凝土后期强度,以减少水泥用量。基础大体积混凝土宜采用龄期为56 d、60 d、90 d的强度等级;当柱、墙采用不小于C80强度等级的大体积混凝土时,混凝土可采用龄期为56 d的强度等级;混凝土后期强度等级可作为配合比、强度评定及验收的依据;利用后期强度配制混凝土应征得设计方同意。

(3)大体积混凝土结构浇筑应符合下列规定:①用多台输送泵接硬管输送浇筑时,输送管布料点间距不宜大于12 m,并宜由远而近浇筑;②用汽车布料杆输送浇筑时,应根据布料杆工作半径确定布料点数量,各布料点浇筑速度应保持均衡;③混凝土分层浇筑应利用自然流淌形成斜坡,并应沿高度均匀上升分层厚度不应大于500 mm;④分层浇筑间隔时间应缩短,混凝土浇筑后应及时浇筑下一层混凝土;⑤混凝土浇筑后,在混凝土初凝、终凝则宜分别进行抹面处理,抹面次数宜适当增加。

(4)大体积混凝土施工温度控制应符合下列规定:①入模温度宜控制在30 ℃以下,且控制在5 ℃以上;②绝热温升不宜小于45 ℃,不应大于55 ℃;③混凝土表面温度与大气温度的差值不宜大于20 ℃;④混凝土内部温度与表面温度的差值不宜超过25 ℃;⑤混凝土降温速率不宜大于2 ℃/d。

(5)大体积混凝土裸露表面应及时进行蓄热养护,蓄热养护覆盖层层数应根据施工方案确定,养护时间应根据测温数据确定。大体积混凝土内部温度与环境温度的差值小于30 ℃时,可以结束蓄热养护。蓄热养护结束后宜采用浇水养护方式继续养护,蓄热养护和浇水养护时间应不得少于14 d。

(6)加强养护过程中的测温工作,发现温差过大,及时覆盖保温,使混凝土缓慢降温,缓慢收缩,以有效地发挥混凝土的徐变特征,降低约束应力,提高结构抗拉能力。

（四）治理方法

（1）温度裂缝对钢筋锈蚀、碳化、抗冻融（有抗冻要求的构件）、抗疲劳（对承受动荷载的结构）等方面有影响，故应采取措施治理。

（2）对表面裂缝，可以采取涂两遍结构胶泥或贴玻璃布，以及抹、喷水泥砂浆等方法进行表面封闭处理。

（3）对有整体性防水、防渗要求的结构，缝宽大于0.1 mm的深进或贯穿性裂缝，应根据裂缝可灌程度，采用灌水泥浆或裂缝修补胶的方法进行修补，或者灌浆与表面封闭同时采用。

（4）宽度不大于0.1 mm的裂缝，由于后期水泥生成氢氧化钙、硫酸铝钙等类物质，碳化作用能使裂缝自行愈合，可不处理或只进行表面处理即可。

五、撞击裂缝

（一）现象

裂缝有水平的、垂直的、斜向的；裂缝的部位和走向随受到撞击荷载的作用点、大小和方向而异；裂缝宽度、深度和长度不一，无一定规律性。

（二）原因分析

（1）拆模时由于工具或模板的外力撞击而使结构出现裂缝，如拆除墙板的门窗模板时，常引起斜向裂缝；用吊机拆除内外墙的大模板时，稍一偏移，就撞击承载力还很低的混凝土墙，引起水平或垂直的裂缝。

（2）拆模过早，混凝土强度尚低，常导致出现沿钢筋的纵向或横向裂缝。

（3）拆模方法不当，只起模板一角，或用猛烈振动的方法脱模，使结构受力不匀或受到剧烈的振动。

（4）梁、板混凝土尚未达到脱模强度，在其上运输、堆放材料，使梁、板受到振动或超过比设计大的施工荷载作用而造成裂缝。

（三）预防措施

（1）现浇结构成型或拆模，应防止受到各种施工荷载的撞击和振动。模板拆除过程中应检查混凝土表面是否有损伤，如有损伤立即修补或采取其他有效措施。

（2）结构脱模时必须达到规范要求的拆模强度，并使结构受力均匀。

（3）拆模应按规定的程序进行，后支的先拆，先支的后拆，先拆除非承重部分，后拆除承重部分，使结构不受到损伤。

（4）在梁、板混凝土未达到设计强度前，避免在其上运输和堆放大量工程和施工用料，防止梁、板受到振动和将梁板压裂。

（四）治理方法

（1）对一般裂缝可用结构胶泥封闭；对较宽较深裂缝，应先沿缝凿成八字形凹槽，再用结构胶泥、聚合物砂浆或水泥砂浆补缝或再加贴玻璃布处理。

（2）对较严重的贯穿性裂缝，应采用裂缝修补胶灌浆处理，或进行结构加固处理，并应编制施工方案并严格落实。

六、沉陷裂缝

（一）现象

裂缝多在基础、墙等结构上出现，大多属深进或贯穿性裂缝，其走向与沉陷情况有关，有的在上部，有的在下部，一般与地面垂直或呈 30°～45°角方向发展。较大的贯穿性沉降裂缝，往往上下或左右有一定的错距，裂缝宽度受温度变化影响小，因荷载大小而异，且与不均匀沉降值成正比。

（二）原因分析

（1）结构构件下面的地基软硬不均，或局部存在松软土，未经夯实和必要的加固处理，混凝土浇筑后，地基局部产生不均匀沉降而引起裂缝。

（2）结构各部分荷载悬殊，未作必要的加强处理，混凝土浇筑后因地基受力不均，产生不均匀沉降，造成结构应力集中而导致出现裂缝。

（3）模板刚度不足，模板支撑不牢，支撑间距过大或支撑在松软土上；过早拆模，也常常导致不均匀沉陷裂缝的出现。

（4）冬期施工，模板支架支承在冻土层上，上部结构未达到规定强度时地层化冻下沉，使结构下垂或产生裂缝。

（三）防治措施

（1）对软硬地基、松软土、填土地基应进行必要的夯（压）实和加固。

（2）模板应支撑牢固，保证整个支撑系统有足够的承载力和刚度，并使地基受力均匀，拆模时间不能过早，应按规定执行。

（3）结构各部分荷载悬殊的结构，应适当增设构造钢筋，以避免不均匀沉降，造成应力集中而出现裂缝。

（4）施工场地周围应做好排水措施，并注意防止水管漏水或养护水浸泡地基。

（5）模板支架一般不应支承在冻胀性土层上，如确实不可避免，则应加垫板，做好排水，覆盖好保温材料。

七、化学反应裂缝

(一)现象

(1)在梁、柱结构或构件表面出现与钢筋平行的纵向裂缝;板式构件在板底面沿钢筋位置出现裂缝,缝隙中夹有锈迹。

(2)混凝土表面呈现块状崩裂,裂缝无规律性。

(3)混凝土出现不规则的崩裂,裂缝呈大网络状,中心凸起,向四周扩散,在浇筑完半年或更长的时间内发生。

(4)混凝土表面出现大小不等的圆形或类圆形崩裂、剥落,类似"出豆子",内有白黄色颗粒,多在浇筑后两个月左右出现。

(二)原因分析

(1)混凝土内掺有氯化物外加剂,或以海砂作骨料,或用海水拌制混凝土,使钢筋产生电化学腐蚀,铁锈膨胀而把混凝土胀裂(即通常所谓钢筋锈蚀膨胀裂缝)。有的保护层过薄,碳化深度超过保护层,在水的作用下,亦会使钢筋锈蚀膨胀造成这类裂缝。

(2)混凝土中铝酸三钙受硫酸盐或镁盐的侵蚀,产生难溶而体积增大的反应物,使混凝土体积膨胀而出现裂缝(即通常所谓水泥杆菌腐蚀)。

(3)混凝土骨料含有蛋白石、硅质岩或镁质岩等活性氧化硅,与高碱水泥中的碱反应生成碱硅酸凝胶,吸水后体积膨胀而使混凝土崩裂(即通常所谓"碱骨料反应")。

(4)水泥中含游离氧化钙过多(多呈颗粒),在混凝土硬化后,继续水化,发生固相体积增大,体积膨胀,使混凝土出现豆子似的崩裂,多发生在土法生产的水泥中。

(三)预防措施

(1)冬期施工混凝土时应使用经试验确定适宜的防冻剂;采用海砂作细骨料时,应符合JGJ206—2010《海砂混凝土应用技术规范》的相关规定;在钢筋混凝土结构中不得用海水拌制混凝土;适当增厚混凝土或对钢筋涂防腐蚀涂料,对混凝土加密封外罩;混凝土采用级配良好的石子,使用低水灰比,加强振捣,以降低渗透率,阻止电腐蚀作用。

(2)采用含铝酸三钙少的水泥,或掺加火山灰掺料,以减轻硫酸盐或镁盐对水泥的作用;对混凝土表面进行防腐,以阻止对混凝土的侵蚀;避免采用含硫酸盐或镁盐的水拌制混凝土。

(3)防止采用含活性氧化硅的骨料配制混凝土,或采用低碱性水泥和掺火山灰的水泥配制混凝土,降低碱化物质和活性硅的比例,以控制化学反应的产生。

(4)加强水泥的检验,防止使用含游离氧化钙多的水泥配制混凝土,或经处理后使用。

（四）治理方法

钢筋锈蚀膨胀裂缝，应把主筋周围含盐混凝土凿除，铁锈以喷砂法清除，然后用喷浆或加围套方法修补。

八、冻胀裂缝

（一）现象

结构构件表面沿主筋、箍筋方向出现宽窄不一的裂缝，深度一般到主筋，周围混凝土疏松、剥落。

（二）原因分析

冬期施工混凝土结构构件未保温，混凝土早期遭受冻结，将表层混凝土冻胀，解冻后钢筋部位变形仍不能恢复，而出现裂缝、剥落。

（三）预防措施

（1）结构构件在冬期施工，配制混凝土应采用普通水泥，低水灰比，并掺加适量早强抗冻剂，以提高早期强度。

（2）对混凝土进行蓄热保温或加热养护，直至达到40%的设计强度。

（四）治理方法

对一般裂缝可用结构胶泥封闭；对较宽较深裂缝，用聚合物砂浆补缝或再加贴玻璃布处理；对较严重的裂缝，应将剥落疏松部分凿去，加焊钢丝网后，重新浇筑一层细石混凝土，并加强养护。

第五节　混凝土裂缝治理方法及技术

混凝土结构或构件出现裂缝，有的破坏结构整体性，降低刚度，使变形增大，不同程度地影响结构承载力、耐久性；有的虽对承载力无多大影响，但会引起钢筋锈蚀，降低耐久性，或发生渗漏，影响使用。因此，应根据裂缝发生原因、性质、特征、大小、部位，结构受力情况和使用要求，并综合考虑不同的结构特点、材料性能及技术经济指标，合理选择治理方法。

一、验算开裂结构构件承载力注意事项

(1)结构构件验算采用的结构分析方法,应符合国家现行标准有关设计要求的规定。

(2)结构构件验算使用的抗力尺和作用效应计算模型,应符合其实际受力和构造状况。

(3)结构构件作用效应量的确定,应符合下列要求:①作用的组合和组合值系数以及作用的分项系数,应按现行国家标准 GB 50009—2012《建筑结构荷载规范》的规定执行;②当结构受到温度、变形等作用时,且对其承载力有显著影响时,应计入由此产生的附加内力。

(4)当材料种类和性能符合原设计要求时,材料强度应按原设计值取用;当材料的种类和性能与原设计不符时,材料强度应采用实测试验数据。材料强度的标准值应按国家现行有关结构设计标准的规定确定。

(5)进行承载力验算应根据国家现行标准中有关结构设计的要求选择安全等级,并确定结构重要性系数。

二、荷载裂缝处理

(1)混凝土结构构件的荷载裂缝可按现行国家标准 GB 50367—2013《混凝土结构加固设计规范》的要求进行处理。

(2)当混凝土结构构件的荷载裂缝宽度小于现行国家标准 GB 50010—2010《混凝土结构设计规范》的规定时,构件可不做承载力验算。

三、非荷载裂缝处理

(1)混凝土结构构件的非荷载裂缝应按裂缝宽度限值。

(2)混凝土结构的非荷载裂缝修补可采用表面封闭法、注射法、压力注浆法、填充密封等方法。

(3)混凝土结构构件的非荷载裂缝修补方法,可按下列情况分别选用:①钢筋混凝土构件沿受力主筋处的弯曲、轴心受拉和大偏心受压应修补的非荷载裂缝,其宽度在 0.4 ~0.5 mm 时可使用注射法进行处理,宽度大于或等于 0.5 mm 时可使用压力注浆法进行处理;②对于宜修补的钢筋混凝土构件沿受力主筋处的弯曲、轴心受拉和大偏心受压,宜修补的非荷载裂缝,其宽度在 0.2 ~0.5 mm 时可使用填充密封法进行处理,宽度在 0.5 ~0.6 mm 时可使用压力注浆法进行处理;③有防水、防气、防射线要求的钢筋混凝土构件或预应力混凝土构件的非荷载裂缝,其宽度在 0.05 ~0.2 mm 时,可使用注射法并结合表面封闭法进行处理;其宽度大于 0.2 mm 时,可使用填充密封法进行处理;④钢筋混凝土构件或预应力混凝土构件受剪(斜拉、剪压、斜压)、轴心受压、小偏心受压、局部受压、受冲切、受扭产生的非荷载裂缝,可使用注射法进行处理;⑤裂缝修补应根据混凝土结构裂缝深度与构件厚度 H 的关系选择处理方法。h 不大于 $0.1H$ 的表面裂缝,应按表面封闭法进行处理;h 在 $0.1H$ ~$0.5H$ 时的

浅层裂缝,应按填充密封法进行处理;h 不小于 $0.5H$ 的深进裂缝以及 h 等于 H 的贯穿裂缝,应按压力注浆法进行处理,并保证注浆处理后界面的抗拉强度不小于混凝土抗拉强度;⑥有美观、防渗漏和耐久性要求的裂缝修补,应结合表面封闭法进行处理。

四、施工和检验

(一)一般规定

(1)裂缝处理应符合国家现行标准 GB 50550—2010《建筑结构加固工程施工质量验收规范》、CECS293—2011《房屋裂缝检测与处理技术规程》的规定。

(2)在对结构构件进行裂缝处理时,施工单位应针对裂缝修补和加固方案制订施工技术措施。

(3)裂缝处理所用材料的性能,应满足设计要求。

(4)原结构构件表面,应按下列要求进行界面处理:①原构件表面的界面处理,应沿裂缝走向及两侧各 100 mm 范围内,打磨平整,清除油垢直至露出坚实的基材新面,用压缩空气或吸尘器清理干净;②当设计要求沿裂缝走向骑缝凿槽时,应按施工图规定的剖面形式和尺寸开凿、修整并清理干净;③裂缝内的黏合面处理,应按黏合剂产品说明书的规定进行。

(5)胶体材料的调制和使用应按产品说明书的规定进行。

(6)裂缝表面封闭完成后,应根据结构使用环境和设计要求做好保护层。

(7)裂缝处理施工的全过程,应有可靠的安全措施,并应符合下列要求:①在裂缝处理过程中,当发现裂缝扩展、增多等异常情况时,应立即停止施工,并进行重新评估处理;②存在对施工人员健康及周边环境有影响的有害物质时,应采取有效的防护措施;当使用化学浆液时,尚应保持施工现场通风良好;③化学材料及其产品应存放在远离火源的储藏室内,并应密封存放;④工作现场严禁烟火,并必须配备消防器材。

(二)施工方法和检验

(1)采用注射法施工时,应按下列要求进行处理及检验:①在裂缝两侧的结构构件表面应每隔一定距离黏结注射筒的底座,并沿裂缝的全长进行封缝;②封缝胶固化后方可进行注胶操作;③灌缝胶液可用注射器注入裂缝腔内,并应保证低压、稳压;④注入裂缝的胶液固化后,可撤除注射筒及底座,并用砂轮磨平构件表面;⑤采用注射法的现场环境温度和构件温度不宜低于 12 ℃;⑥封缝胶固化后进行压气试验,检查密封效果;观察注浆嘴压入压缩空气值等于注浆压力值时是否有漏气的气泡出现。若有漏气,应用封缝胶修补,直至无气泡出现。

(2)采用压力注浆法施工时,应按下列要求进行处理及检验:①进行压力注浆前应斜向钻孔至裂缝深处埋设注浆管,注浆嘴应埋设在裂缝端部、交叉处和较宽处,间隔为 300 ~ 500 mm,对贯穿性深裂缝应每隔 1 ~2 m 加设 1 个注浆管;②封缝应使用专业的封缝胶,胶层应均匀无气泡、砂眼,厚度应大于 2 mm,并与注浆嘴连接密封;③封缝胶固化后,应使用洁净无油的压缩空气试压,确认注浆通道通畅、密封、无泄漏;④注浆应按由宽到细、由一端到另一端、由低到高的顺序依次进行;⑤缝隙全部注满后应继续稳定压力一定时间,待吸浆率小于 50 mL 后停止注浆,关闭注浆嘴。

(3)采用填充密封法施工时,应按下列要求进行处理及检验:①进行填充密封前应沿裂缝走向骑缝开凿 V 形槽或 U 形槽,并仔细检查凿槽质量;②当有钢筋锈胀裂缝时,凿出全部锈蚀部分,并进行除锈和防锈处理;③当设置隔离层时,U 形槽底应为光滑的平底,槽底铺设隔离层,隔离层应紧贴槽底,且不应吸潮膨胀,填充材料不应与基材相互反应;④向槽内灌注液态密封材料应灌注至微溢并抹平;⑤静止的裂缝和锈蚀裂缝可采用封口胶或修补胶等进行填充,并用纤维织物或弹性涂料封护;活动裂缝可采用弹性和延性良好的密封材料进行填充封护。

(4)采用表面封闭法进行施工时,应按下列要求进行处理及检验:①进行表面封闭前应先清洗结构构件表面的水分,干燥后再进行裂缝的封闭;②涂刷底胶应使胶液在结构构件表面充分渗透,微裂缝内应含胶饱满,在必要时可沿裂缝多道涂刷;③粘贴时应排出气泡,使布面平整,含胶饱满均匀;④织物沿裂缝走向骑缝粘贴,当使用单向纤维织物时,纤维方向应与裂缝走向相垂直;⑤多层粘贴时,应重复上述步骤,纤维织物表面所涂的胶液达到初干状态时应粘贴下一层。

(5)采用化学材料浇注法施工时,应按下列要求进行处理及检验:①进行化学材料浇注前,结构构件应做临时支撑;②浇筑槽应分段开凿,每段不得超过 1 m,开凿宽度可沿裂缝两侧各 50 mm,剔除槽内疏松部分并清除杂物,漏浆液的洞、缝可用结构胶泥封堵;③材料制备应按产品说明书的要求进行,并保持适当的温度。

(6)采用密实法施工时,应按下列要求进行处理及检验:①裂缝两侧 10 ~ 20 mm 应清理干净,并用水冲洗,保持湿润;②采用结构胶泥修补裂缝应涂抹严实,并清理表面。

五、裂缝治理方法

(一)表面修补法

适用于对承载力无影响的表面及深进的裂缝,以及大面积细裂缝防渗漏水的处理。

(1)表面涂抹砂浆法。适用于稳定的表面及深进裂缝的处理。处理时将裂缝附近的混凝土表面凿毛,或沿裂缝(深进的)凿成深 15 ~ 20 mm、宽 100 ~ 150 mm 的凹槽,扫净并洒水湿润,先刷水泥净浆一遍,然后用 1 ∶(1 ~ 2)水泥砂浆分 2 ~ 3 层涂抹,总厚度为 10 ~ 20 mm,并压光。有渗水时,应用水泥净浆(厚 2 mm)和 1 ∶ 2 水泥砂浆(厚 4 ~ 5 mm)交错抹压 4 ~ 5 层,涂抹 3 ~ 4 h 后,应进行覆盖洒水养护。

(2)表面涂抹结构胶泥(或粘贴玻璃布)法。适用于稳定的、干燥的表面及深进裂缝的处理。涂抹结构胶泥前,将裂缝附近表面灰尘、浮渣清除、洗净并干燥。油污应用有机溶剂或丙酮擦洗干净。如表面潮湿,应用喷灯烘烤干燥、预热,以保证胶泥与基层良好的黏结。较宽裂缝先用刮刀堵塞结构胶泥,涂刷时用硬毛刷或刮板蘸取胶泥,均匀涂刮在裂缝表面,宽 80 ~ 100 mm，一般涂刷两遍。粘贴玻璃布时，一般贴 1 ~ 2 层，第二层布的周边应比下面一层宽 10 ~ 15 mm，以便压边。结构胶泥由结构胶掺加适量水泥等粉料制备，其中结构胶的性能应符合 GB 50367—2013《混凝土结构加固设计规范》的相应规定。

(3)表面凿槽嵌补法。适用于独立的裂缝宽度较大的死裂缝和活裂缝的处理。沿混凝土裂缝凿一条宽 5 ~ 6 mm 的 V 形、U 形槽，槽内嵌入刚性材料，如水泥砂浆或结构胶泥；或填灌柔性密实材料，如聚氯乙烯胶泥、沥青油膏、聚氨酯以及合成橡胶等密封。表面做砂浆保护层或不做保护层，槽内混凝土面应修理平整并清洗干净，不平处用水泥砂做填补。嵌填时槽内表面涂刷嵌填材料稀释涂料。对修补活裂缝仅在两侧涂刷，槽底铺一层塑料薄膜缓冲层，以防填料与槽底混凝土黏合，在裂缝上造成应力集中，将填料撕裂。然后用抹子或刮刀将砂浆(或结构胶泥)嵌入槽内使饱满压实，最后用 1 : 2.5 水泥砂浆抹平压光(对活裂缝不做砂浆保护层)。

(二)内部修补法

适用于对结构整体性有影响，或有防水、防渗要求的裂缝修补。

(1)注射法。当裂缝宽度小于 0.5 mm 时，可用注射器压入裂缝补强修补用胶。注射时，应在裂缝干燥或用热烘烤时缝内不存在湿气的条件下进行，注射次序从裂缝较低端开始，针头尽量插槽内，缓慢注入，便于缝内空气排出。注射完毕在缝表面涂刷结构胶泥两遍或再加贴一层玻璃布条盖缝。

(2)化学灌浆法。化学灌浆具有黏度低、可灌性好、收缩小以及有较高的黏结强度和一定的弹性等优点，恢复结构整体性的效果好，适用于各种情况下的裂缝修补，以及堵漏、防渗处理。

灌浆材料应根据裂缝的性质、缝宽和干燥情况选用。灌浆材料应符合 GB 50367—2013《混凝土结构加固设计规范》中裂缝补强修补用胶的要求。灌浆一般采用骑缝直接施灌，表面处理同结构胶泥表面涂抹。灌浆嘴为带有细丝扣的活接头，用结构胶泥固定在裂缝上，间距 400 ~ 500 mm，贯通缝应在两面交叉设置。裂缝表面用结构胶泥(或腻子)封闭。硬化后，先试气了解缝面通顺情况，气压保持 0.2 ~ 0.3 MPa，垂直缝从下往上，水平缝从一端向另一端，如漏气，可用石膏块硬腻子封闭。灌浆时，将配好的浆液注入压浆罐内，先将活接头接在第一个灌浆嘴上，开动空压机送气(气压一般为 0.3 ~ 5 MPa)，即将裂缝修补胶压入裂缝中，待胶液从邻近灌浆嘴喷出后，即用小木塞将第一个灌浆孔封闭，以便保持孔内压力，然后同法依次灌注其他灌浆孔，直至全部灌注完毕。裂缝修补胶一般在 20 ~ 25 ℃下经 16 ~ 24 h 即可硬化，可将灌浆嘴取下重复使用。在缺乏灌浆设备时，较宽的平、立面裂缝也可用手压泵进行。

(三)结构加固法

适用于对结构整体性、承载能力有较大影响的，表面损坏严重的，表面、深进及贯穿性裂缝的加固处理，一般方法有以下几种。

(1)围套加固法。当周围空间尺寸允许时，在结构外部一侧或三侧外包钢筋混凝土围套以增强钢筋和截面,提高其承载能力。对构件裂缝严重,尚未破碎裂透或一侧破碎的,将裂缝部位钢筋保护层凿去,外包钢丝网一层。如钢筋扭曲已达到流限,则加焊受力,钢筋及箍筋(或钢丝网),重新浇筑一层35 mm厚细石混凝土加固。大型设备基础一般采用增设围套或钢板带套箍,增加环向抗拉强度的方法处理。对于基础表面的裂缝,一般在设备安装的灌浆层内放入钢筋网及套箍进行加固。加固时,原混凝土表面应凿毛洗净,或将主筋凿出;如钢筋锈蚀严重,应凿去保护层,喷砂除锈。增配的钢筋应根据裂缝程度计算确定。浇筑围套混凝土前,模板与原结构均应充分浇水湿润。模板顶部设八字形,使浇筑面有一个自重压实的高度。采用高一强度等级的细石混凝土,控制水灰比,加大量减水剂,注意捣实,每段一次浇筑完毕,并加强养护。

(2)钢箍加固法。在结构裂缝部位四周用U形螺栓或型钢套箍将构件箍紧,以提高结构的刚度和承载力。加固时,应使钢套箍与混凝土表面紧密接触,以保证共同工作。

(3)预应力加固法。在梁、桁架下部增设新的支点和预应力拉杆,以减小裂缝宽度(甚至闭合),提高结构承载能力,拉杆一般采用电热法建立预应力。也可用钻机在结构或构件上垂直于裂缝方向钻孔,然后穿入钢筋施加预应力使裂缝闭合。钢材表面应涂刷防锈漆两遍。

(4)粘钢加固法。将3~5 mm厚钢板用结构胶黏剂粘贴到结构构件混凝土表面,使钢板与混凝土结合成整体共同工作。这类胶黏剂有良好的黏结性能,黏结抗拉强度:钢与钢≥33 MPa;钢与混凝土,混凝土破坏;黏结抗剪强度:钢与钢≥18 MPa;钢与混凝土,混凝土破坏;胶黏剂的抗压强度≥60 MPa,抗拉强度≥30 MPa。加固时将裂缝部位凿毛刷洗干净,将钢板按要求尺寸剪切好,在粘贴一面除锈,用砂轮打毛(或喷砂处理),在混凝土和钢板粘贴面两面涂覆。胶层厚0.8~1.0 mm,然后将钢板粘贴在裂缝部位表面,0.5 h后在四周用钢丝缠绕数圈,并用木楔楔紧,将钢板固定。胶黏剂为常温固化,一般24 h可达到胶黏剂强度的90%以上,72 h固化完成,卸去夹紧用的钢丝、木楔。加固后,表面刷与混凝土颜色相近的灰色防锈漆。

(5)喷浆加固法。适用于混凝土因钢筋锈蚀、化学反应、腐蚀、冻胀等原因造成的大面积裂缝补强加固。先将裂缝损坏的混凝土全部铲除,清除钢筋锈蚀,严重的采用喷砂法除锈,然后以压缩空气或高压水将表面冲洗干净并保持湿润,在外表面加一层钢筋网与原有钢筋用电焊固定,接着在混凝土表面涂一层水泥净浆,以增强黏结。凝固前,用混凝土喷射机喷射混凝土,一般用干法,它是将按一定比例配合搅拌均匀的水泥、砂、石子(比例为52.5级普通硅酸盐水泥：中粗砂：粒径3~7 mm的石子=1：2：1.5~2)干拌料送入喷射机内,利用压缩空气(风压为0.14~0.18 MPa)将拌合料经软管压送到喷枪嘴,在喷嘴后部与通入的压力水(水压0.3 MPa)混合,高速度喷射于补缝结构表面,形成一层密实整体外套。混凝土水灰比控制在0.4~0.5,混凝土厚度为30~75 mm,混凝土抗压强度为30~35 MPa,抗拉强度为2 MPa,黏结强度为1.1~1.3 MPa。

第五章 钢结构工程质量控制

第一节 钢结构材料特性及质量验收

一、钢材表面有麻坑

（一）现象

钢材表面有局麻点状或长条状损伤。

（二）原因分析

钢材锈蚀；调运过程中划伤，出现划坑。

（三）防治措施

（1）核对损伤缺陷深度，不超过该钢材负公差 1/2 者，宜继续使用。

（2）当损伤深度大于该钢板负公差 1/2 时，应与有关方协商，可进行焊补损伤后，酌情使用。

二、钢材局部夹杂、分层

（一）现象

钢板剖开后，中间出现夹杂分层现象。

（二）原因分析

（1）钢材生产轧制过程中夹杂有非金属物质。

(2)钢键缩口未全部切除。

(三)防治措施

(1)认真执行 GB 50775—2012《钢结构工程施工规范》中 5.2.3—5.2.6 条的规定。

(2)对出现缺陷的同批钢材,应进行扩大抽检或批次全检,主要是进行超声波无损探伤检验。

(3)对于成批或扩大抽检后缺陷出现频率较高的,应成批作废。

(4)检测后仅为偶发缺陷的,对分层缺陷,应在探伤基础上将缺陷周边 200 ~ 300 mm 范围切除后使用;对夹渣缺陷,也可扩大切除或协商焊补,检测合格后使用。

三、板面出现波浪形

(一)现象

钢板表面出现波浪形。

(二)原因分析

钢板校平设备压力不够;设备压平辊轴级数不够。

(三)防治措施

(1)对于热轧卷板开平宜用多轧平直机校平,可进行反复调平。

(2)对于厚板应根据调平能力,选择合适的设备,不应超负荷工作。

四、焊接材料不符合设计或质量要求

(一)现象

由于焊接材料不合格,导致焊接接头的某项或某些技术指标达不到设计或质量要求。

(二)原因分析

(1)焊接材料选择错误。

(2)未按相关标准、规范要求进行检验、验收。

(3)材料储存、使用不当。

(三)预防措施

(1)钢结构工程中焊接材料的选择要综合考虑强度、韧性、塑性、工艺性能及经济性等因素,不可偏废,否则会产生不良后果。例如,过分关注强度会导致韧性和塑性降低,过度强调工艺性能则易导致综合力学性能和抗裂性能的损失。

焊接材料的选择在满足设计要求的同时，应符合现行国家标准 GB 50661—2011《钢结构焊接规范》中的相关要求：①焊条应符合 GB/T 5117《碳钢焊条》、GB/T 5118《低合金钢焊条》的规定；②焊丝应符合 GB/T 14957《熔化焊用钢丝》、GB/T 8110《气体保护电弧焊用碳钢、低合金钢焊丝》、GB/T 10045《碳钢药芯焊丝》及 GB/T 17493《低合金钢药芯焊丝》的规定；③气体保护焊使用的氩气应符合现行国家标准 GB/T 4842《氩气》的规定，其纯度不应低于 99.95%；④气体保护焊使用的二氧化碳应符合国家标准 GB/T 2537《焊接用二氧化碳》的规定，焊接难度为 C、D 级和特殊钢结构工程中主要构件的重要焊接节点，采用的二氧化碳质量应符合该标准中优等品的要求；⑤埋弧焊用焊丝和焊剂应符合现行国家标准 GB/T 5293《埋弧焊用碳钢焊丝和焊剂》和 GB/T 12470《埋弧焊用低合金钢焊丝和焊剂》的规定；⑥栓钉焊使用的栓钉及焊接瓷环应符合现行国家标准 GB/T 10433《电弧螺柱焊用圆柱头焊钉》的有关规定。

(2)对按设计要求采购的焊接材料应严格按照现行国家标准 GB 50205—2001《钢结构工程施工质量验收规范》的要求进行检验验收。对一般钢结构采用的焊接材料只需进行软件核查，主要检查质量合格证明文件及检验报告等。而对于重要的钢结构工程，例如其难度等级符合 C、D 级规定的，则应对所选用的焊接材料按批次进行抽样复验，其复验方法和结果应符合相关标准或规范的规定。

(3)焊接材料的保存与使用应严格按照产品说明书及现行国家标准 GB 50661—2011《钢结构焊接规范》的规定执行。由于储存或使用不当，不仅造成资源浪费，严重的会引发重大工程事故。以目前建筑钢结构焊接施工中的通病，不按要求对焊接材料进行烘干为例，其直接后果是导致焊缝金属中氢含量过高，增大延迟裂纹产生的概率。

(四)治理方法

(1)力学或化学成分方面的问题，可将原有焊缝全部清除重焊或按设计要求进行局部加固。

(2)对于因储存或使用不当造成焊接材料含氢量过高，则可采用焊后进行去氢处理的方法，具体做法是在焊后立即将焊缝加热到 350 ℃左右，并保温 2 h 以上，然后缓慢冷却。

五、特大空心球不圆度、壁厚减薄量超过标准

(一)现象

空心球焊接成型后出现壁厚减薄量及不圆度超过标准的现象。

(二)原因分析

模具误差大；原材厚度偏差；半球成型温度过高或过低；焊接工艺不合理。

（三）防治措施

（1）模具制作应严格控制精度，尤其是冲压的同心度。

（2）如采购的钢板有负差，在制作直径大于600 mm的焊接空心球体时，宜将钢板加厚2 mm或更多。

（3）半球冲压成型的温度应控制在800～1 050 ℃。

（4）焊接时应制订合理的焊接工艺，焊缝偏差为-0.5～0 mm，高于母材的焊缝要打磨掉，焊接时应考虑焊接收缩量，宜采用转胎焊。

六、高强度螺栓成型时螺母根部发生断裂

（一）现象

大六角高强度螺栓在施加扭矩时螺母根部发生断裂。

（二）原因分析

在制作时，螺母与螺杆之间没有倒角成直角状态，施加扭矩时该部位应力集中造成螺栓断裂。

（三）防治措施

（1）螺栓验收时，应进行外观检查，尤其是对螺栓与螺母之间的倒角工艺。

（2）如螺栓与螺母之间无倒角工艺，可做超拧节点试验，超拧值取规范允许最大值的10%，放置7 d，看有无断裂情况，如无法判定，宜批量退换。

七、螺栓球表面褶皱、裂纹

（一）现象

螺栓球表面有裂纹及褶皱。

（二）原因分析

（1）工艺措施不当，根据JGJ 7—2010《空间网格结构技术规程》和JG/T 10—2009《钢网架螺栓球节点》的规定，螺栓球宜采用45号钢通过热锻造工艺加工生产。由于45号钢碳含量较高，从而导致其硬度较高，塑韧性相对较低，对加工工艺要求较严格。生产过程中如对加热温度、保温时间及冷却速度控制不严，易产生裂纹等缺陷。

（2）未严格按照GB 50205—2001《钢结构工程施工质量验收规范》的相关要求进行表面质量检验。

（三）预防措施

（1）制订严格、合理的生产工艺，并确保其被认真执行，特别是对直径较大的球体，严格控制其加热温度和保温时间，以确保球体整体温度均匀，避免由于“外热内冷”产生的不均匀变形而引发锻造裂纹的产生。

（2）应严格按照现行国家标准 GB 50205—2001《钢结构工程施工质量验收规范》的规定，对螺栓球的表面质量进行抽查，抽查比例为10%，检验方法建议采用磁粉探伤方法，若发现裂纹类缺陷，则应对该批次球体进行全数检验。

（四）治理方法

对于发现裂纹类缺陷的球体，首先应采用砂轮打磨的方法将缺陷清除干净，再视其严重程度进行修复处理或更换。

（1）若缺陷深度小于 2 mm，则应在保证缺陷被清除干净的前提下，将打磨部位修复成坡度小于 1：2.5 的形状即可。

（2）若缺陷深度超过 2 mm，则应在保证缺陷被清除干净的前提下，将打磨部位修复成坡口形状，并将球体预热到 250～350 ℃后用焊接方法将其填满。

（3）对于缺陷深度超过 2 mm 的球体，可采用置换新球的方法。

八、防腐涂料混合比不当

（一）现象

分组涂料未按生产厂家规定的配合比组成一次性混合；稀释剂的型号和性能未按照生产厂家所推荐的品种配套使用。

（二）原因分析

（1）未了解该涂料混合比的要求和搅拌操作顺序，擅自按自己的经验操作，造成搅拌顺序错误和配合比不符合产品标准要求。

（2）未使用计量器具，采用估计方法计量，造成配合比不当。

（3）不了解配套稀释剂的特性、类型，擅自选用不当的稀释剂。

（三）防治措施

（1）按产品说明书进行组分料的配合比和先后顺序进行搅拌，且应一次性混合，彻底搅拌，并按产品要求的喷涂时间在桶内搅拌。

（2）对一桶组分涂料分次使用时，宜采用计量器具进行配合比计量。

（3）应根据涂料品种、型号选用相对应的稀释剂，并按作业气温等条件选用合适比例的稀释剂。

九、防腐涂料超过混合使用寿命

(一)现象

非单组分涂料混合搅拌后,在产品超过混合使用寿命时仍在使用。

(二)原因分析

(1)不清楚非单组分涂料在指定温度下混合后,有一个必须用完的期限。

(2)不了解不同类型、品牌、生产厂家的非单组分涂料混合后的使用时间是有变化的,特别是在不同温度条件下施工是有不同的使用期限的。

(3)涂料混合后虽过了时限但仍呈液态,错误地认为仍可继续使用。

(三)防治措施

(1)严格按照产品说明书上混合使用寿命的时限进行涂装作业。

(2)在非单组分涂料混合搅拌前,应了解施工环境的气温,以确定涂料混合搅拌量。

(3)对超过产品使用说明书规定的混合使用时限的混合涂料,应停止使用。

十、防火涂料不合格

(一)现象

(1)防火涂料的耐火时间与设计要求不吻合。

(2)防火涂料的型号(品种)改变或超过有效期。

(3)防火涂料的产品检测报告不符合规定要求。

(二)原因分析

(1)不了解钢结构防火涂料的产品生产许可证应注明防火涂料的品种和技术性能,由专业资质的检测机构检测并出具检测报告,而是简单地采用斜率直接推算出防火涂料的耐火时间。

(2)不了解改变防火涂料的型号(品种)利用薄涂型替代厚涂型,即用膨胀型替代了非膨胀型,而膨胀型防火涂料多为有机材料组成,我国尚未对其使用年限做出明确规定。

(3)防火涂料施工中未注意有效期,堆放不妥,引起过期或结块等质量问题。

(三)防治措施

(1)钢结构防火涂料生产厂家应有防火涂料产品生产许可证,且应注明品种和技术性能,并由专业资质的检测机构出具质量证明文件。

(2)钢结构防火涂料不能简单地用斜率直接推算防火涂料的耐火时间。

(3)根据实际要求,选用合适的防火涂料型号。

(4)室内防火涂料由于耐候性、耐水性较差,因此不能替代室外钢构件防火涂料。

(5)防火涂料应妥善保管,按批使用;对超过有效期或开桶(开包)后存在结块凝胶、结皮等现象的,应停止使用。

第二节　钢结构制作及质量控制

一、加工制作时工艺文件缺失

(一)现象

加工制作工艺文件没有或不全,就进行构件下料和加工制作。

(二)原因分析

(1)认为操作工人技术高超,没有工艺文件按图也可施工。

(2)认为过去有类似的构件加工制作经验,无须再有该构件的加工制作工艺。

(三)防治措施

(1)工艺文件是加工制作构件时的指南和标准,没有工艺文件或工艺文件简单、不全,很可能导致加工制作时盲目施工,造成返工或报废。

(2)工艺文件一般应由有经验的技术人员按照设计总说明、施工图、施工详图,结合本公司的实际情况(施工技术水平、相应的设备等)按国家、行业或本公司的标准、规范的要求,制订出结合实际的施工工艺文件、施工指导书、工艺交底书,其内容包括如何施工、施工程序、各道工序及其检验要求,特别是构件的最后检验要求。

(3)对刚进厂的工艺技术人员,可在有经验的本行业工艺技术人员、有经验技师的帮助下编写工艺文件,然后经有经验的技术人员、老技师的审查修改后,方可用于指导生产,以免引起不必要的损失。

二、放样下料未到位

(一)现象

放样下料未做好,影响下料切割、加工工序。

(二)原因分析

(1)放样下料人员不知放样下料应做哪些工作,或不知道应做到什么深度。

(2)工艺技术人员未向放样下料人员进行交底,或交底不够详细。

(3)没有看清施工详图和工艺文件,就凭自己过去的“老经验”放样下料,从而出现不必要的失误。

(三)防治措施

(1)要求工艺技术人员在放样下料前制订有针对性的工艺文件,并对放样下料人员做较透彻的书面和口头交底。没有工艺文件,放样下料人员有权拒绝施工,且应立即向负责的生产技术领导反映,要求有相应的工艺文件和进行详细交底。

(2)放样下料人员应加强学习(实习),尽快提高自己的技术水平和素质;操作前应仔细阅读、分析工艺文件和施工详图,有问题应与相关工艺技术人员仔细研究,共同解决。

(3)放样下料人员在放样前应熟悉、掌握下列技术文件:①熟悉构件施工详图;②掌握构件施工工艺文件的焊接收缩余量和切割、端铣及现场施工所需要的余量;③掌握构件加工成型后二次切割的余量;④掌握构件的加工流程和加工工艺;⑤掌握构件材质与使用钢板的规格。

(4)放样下料人员应完成下列工作:①根据构件的施工详图进行 1∶1 放样;②核对构件所在位置与编号;③核对节点部位的外形尺寸以及标高与相邻构件接合面是否一致;④核对构件的断面尺寸及材质;⑤核对构件的零件数量;⑥绘制零件配套表和放样下料图;⑦绘制加工检验样板的图纸。

(5)“下料”工作应将放样下料图上所示零件的外形尺寸、坡口的形式与尺寸、各种加工符号、质量检验线、工艺基准线等绘制在相应的型材或钢板上。

三、放样下料时用错材料

(一)现象

放样下料时用错材料。

(二)原因分析

(1)粗心大意,看错图或写错钢号或尺寸,因而未按封口正确领料。

(2)仓库管理人员粗心,发料错误。

(三)防治措施

(1)仓库管理人员应有正确的材料台账,并根据领料人的要求严格发料,加强责任心。

(2)放样下料人员领料时,应根据施工详图和工艺文件,严格按要求领取满足图纸、工艺的材质、厚度、长度和宽度要求的材料；若有 Z 向要求的钢板，应查阅超声波探伤合格的检查资料，并与仓库管理发料员核对是否正确，签字认可。

(3)放样下料人员应按工艺规定的方向(构件主要受力方向和加工状况)进行下料。

(4)若材料代用，应向工艺技术人员反映，然后由工艺技术人员向深化设计人员，再向原设计人员申请材料代用洽商，经原设计人员同意后，方可代用。

四、放样下料尺寸错误

(一)现象

手工下料时尺寸(长度、宽度)下错。

(二)原因分析

(1)下料时粗心，未看清图纸和工艺文件的要求。

(2)所用的量尺是未经检验合格的，因此当检验员用经验收合格的钢卷尺量取时，两者误差较大。

(3)量取尺寸时，若因量尺端部使用不便，准确量取时，扣掉了一定数量(一般为 100 mm)，而在读取尺寸时，忘记加上已扣去部分。

(三)防治措施

(1)加强责任心，严格按图纸和工艺文件的要求下料。

(2)所用的量尺应经过检验合格，与计量合格的标准尺进行比对，在合格范围内的量尺才允许使用；量取尺寸时，量尺应该拉紧。

(3)量取尺寸时，若因卷尺端头部分量取不方便而扣掉时，应将此扣掉部分在读取尺寸时补上，以免出错。

五、放样下料时坡口方向画错

(一)现象

放样下料时坡口方向画错。

(二)原因分析

粗心大意，未看清图纸和工艺文件要求，下料时出错。

(三)防治措施

(1)看清施工详图和工艺文件后再下料，注意坡口的方向、角度、留根等，以防画错。

(2)提高放样下料人员的责任心和素质。

六、切割有误

(一)现象

切割后发现尺寸不对,坡口有误。

(二)原因分析

切割人员未看清或不熟悉各种下料符号,即进行手控或手工切割(包括未留割刀缝宽度余量)而引起尺寸割错、形状割错或坡口割错(一般是坡口割反了方向,或角度太大或太小,或留根太多或太少)。

(三)防治措施

(1)切割人员应加强责任心,仔细看清各种下料符号后方可切割。

(2)切割人员若不熟悉符号或有疑义,应虚心学习和请教,提高自己的技术水平。

(3)切割时应讲究切割次序,以减少不必要的移位和换向,尽量采取相应措施,减少切割变形,从而也可减少矫正工作量和保证工期。

七、坡口切割不合格

(一)现象

(1)焊根大小相差甚远。

(2)切割后边缘不成直线,对接时间隙有大有小。

(二)原因分析

自动切割割嘴与钢板之间距离不等,切割风线里外不等,边缘成曲线。

(三)防治措施

(1)切割前钢板必须平整。

(2)切割机轨道必须平直,发现不平整轨道必须更换,使用时轨道必须保管好。

(3)小车直接在钢板上行走,切割小车必须有沿板边的导轮。

八、切割面不符合要求

(一)现象

切割面平直度、线形度、光洁度等不符合要求。

（二）原因分析

（1）切割前，切割区域未清理或未清理干净。

（2）切割时未根据钢材的厚度、切割设备、切割气体等要求和具体情况，选定合适的切割工艺参数。

（3）切割工操作技术差。

（三）防治措施

（1）提高每个参与切割人员的技术水平，端正工作态度。

（2）切割前，一定要将切割区域清理干净，使下料符号清晰地显露出来。

（3）根据钢板的厚度，切割设备的性能、要求，以及切割用气体等来选择合适的工艺参数，如割嘴型号、气体压力、切割速度等。

（4）当零件板厚较大，且强度等级较高时，可先进行火焰切割试验，以确认和选择合理的切割工艺参数和程序（如切割前先预热等）。

（5）切割起始端，尽量利用钢板边缘，当从钢板中间部位热切割时，先热切割打孔，再从打孔处开始切割，并注意打孔部位离钢板边缘应有足够的距离。

（6）应尽量采用自动或半自动切割机进行切割。

（7）宽翼缘型钢和板厚 $t \leqslant 12$ mm 的零件，可采用机械切割；钢管及其相贯线和壁厚 $t \leqslant 12$ mm 的零件，可优先采用等离子切割，切割表面质量应达到规定要求。

九、机械切割不符合要求

（一）现象

机械切割、剪切、锯切、边缘加工不符合要求，造成无法进行加工，甚至机械损坏。

（二）原因分析

（1）未看清剪切、冲孔机械设备的性能和使用须知，盲目施工。

（2）一般机械剪切，厚度不宜大于 12 mm，超过 12 mm 会崩坏剪刀板，甚至毁坏剪床。

（3）钢材在环境温度过低时进行剪切、冲孔会影响钢材性能，造成成型不好和裂缝。

（三）防治措施

（1）加强责任心，工作前应熟悉机械性能，钢材厚度超过 12 mm 不能使用剪床进行剪切。

（2）碳素结构钢在环境温度低于零下 12 ℃时，低合金钢在环境温度低于零下 15 ℃时，不得进行剪切、冲孔。

（3）钢板下料前，应送到七辊、九辊矫平机上矫平，要求每一平方米范围内不平度小于

1 mm,以确保下料尺寸的精确度。

(4)零件切割下料后,应打磨切割处,去除各种切割缺陷,然后将零件送去滚压矫平,这对消除切割时对钢板内应力的影响,提高整个组装工作精确度,减少内应力,有很大的作用。

十、孔壁毛刺未除尽,抗滑移系数不合格

(一)现象

孔壁毛刺未除尽,抗滑移系数不合格。

(二)原因分析

没有做到钻孔后必须清除毛刺,成品修理时漏掉此工序。

(三)防治措施

坚持工序质量控制,前工序(钻孔、统刨等)必须在本工序清除完毛刺后交付下道工序。

十一、孔壁附近失去粗糙度

(一)现象

孔壁附近在抛丸以后补磨毛刺,失去粗糙度。

(二)原因分析

抛丸前没有清除干净毛刺,在抛丸后补磨毛刺,磨去了粗糙度。

(三)防治措施

构件必须在清理完毛刺后才能进行抛丸,如发现磨光了摩擦面,必须再抛丸。

十二、零部件表面打磨后仍不成平面

(一)现象

零部件打磨后仍不成平面。

(二)原因分析

手工切割边缘,再打磨仍不能成为平面。

(三)防治措施

坚决取消手工切割,除了角部机器不能够达到的地方外,全部采用自动机械切割。

十三、矫正、冷加工质量差

(一)现象

冷矫正、冷成型时,在未知极限环境温度的情况下施工,引起钢材变形、变脆和开裂等现象。

(二)原因分析

机械矫正,即俗称的冷矫正,是在常温环境下,利用机械对零部件或构件施加外力进行的矫正。冷成型(即冷加工)是利用机械在常温环境下进行的零件加工成型。碳素结构钢环境温度低于-16 ℃,低合金结构钢环境温度低于-12 ℃时,仍然强行进行冷矫正、冷加工成型,就会出现钢材变脆、开裂等现象,完全达不到矫正和加工的要求。

(三)防治措施

当环境温度低于-16 ℃(对碳素结构钢)或低于-12 ℃(对低合金结构钢)时,禁止对钢材进行冷矫正或冷加工。

十四、热矫正、热加工达不到效果

(一)现象

热矫正、热加工时,在未知可加热至何种温度或冷却至何种温度以下时仍继续施工,导致达不到矫正和加工的目的,甚至报废。

(二)原因分析

用火焰加热矫正或火焰加热和机械联合矫正,俗称为热矫正。若加热温度过高,或当温度降低到某一值时,仍继续进行施工,不但达不到矫正的效果,反而会使钢材零部件受损甚至报废。

(三)防治措施

(1)当用火焰加热进行热矫正时,加热温度一般为 700～800 ℃,不应超过 900 ℃。冷却时,对于碳素结构钢,允许浇水使其快速冷却,可达到加快矫正速度的效果,但对厚度 $t>30$ mm 的厚板不宜浇水冷却;对低合金结构钢,绝不能浇水冷却(并需防止雨淋),应让构件在环境中自然冷却。

(2)构件同一区域加温不宜超过两次。

(3)当零件采用热加工成型时,应根据材料的含碳量选择不同的加热温度,一般控制在900~1 100 ℃(根据需要,也可加热至1 100~1 300 ℃),当温度下降,碳素结构钢在降到700 ℃时,低合金结构钢在降到800 ℃时,应结束加工。低于200~400 ℃时,严禁锤打、弯曲或成型。

(4)对弯曲加工应按冷热加工时的环境温度、加工温度和加工机械的性能特性等要求进行施工,以免引起不必要的误差和问题。

十五、制孔质量差

(一)现象

制孔时未按要求执行,导致孔本身的精度达不到要求,孔距与图纸不符。

(二)原因分析

构件上的高强度螺栓、普通螺栓、钢筋穿孔、铆钉孔等的加工,可用钻孔、铣孔、铰孔、冲孔、火焰切割等方法。对不同的加工方法,均应掌握其制孔的要求和方法的特征。另外,钻孔时要根据合理的基准线(面)进行,否则就会使加工的孔达不到要求。

(三)防治措施

(1)加工方法:①优先选用高精度数控钻床制孔;②孔很少时,个别孔或孔群可采用画线钻孔;③同类孔群较多的构件或零件可采用制孔模板加工;④长圆孔可采用钻孔加火焰切割法或铣孔法加工,其切割面需经打磨至符合要求;⑤当孔径大于50 mm,且无配合要求时,可采用火焰切割,切割面的粗糙度尺寸不应大于100 μm,孔径误差不大于±2 mm;⑥对Q235及以下的钢材,且厚度 $t \leqslant 12$ mm时,允许用冲孔法加工,但需制订详尽的施工文件,并保证冲孔后,孔壁边缘材质不会引起脆性变化。

(2)当用制孔模板加工时,应达到以下要求:①模板的孔精度应高于构件上孔样的精度要求;②制孔模板上要有精确的定位基准线;③制孔时模板与构件应有精确定位和牢靠的锁定连接措施;④模板上孔洞内壁应具备足够的硬度(可用精致的套筒配合套入),要求定期检查其磨损状况,并及时修正。

(3)构件制孔时,要确定好合理的基准线(面)。

(4)制孔后还需进行组装焊接的构件,应考虑焊缝收缩变形对孔群位置的影响。

(5)严格按制孔要求,对孔精度、孔壁表面粗糙度、孔径偏差等进行加工和检查验收。

十六、组装出错

(一)现象

零部件错装,或零件组装出错。

（二）原因分析

（1）对图纸和工艺文件的要求未看清即盲目操作。

（2）对构件的零部件未经检验或检验不彻底，漏检，零部件有问题，却仍然组装。

（3）装配画线时位置出错，或方向画错（如首尾或左右倒置）。

（4）装配组装时位置出错，或方向装错（如首尾或左右倒置）。

（5）采用地样法胎架，地面上的线画得不对，胎架刚性不够，构件压上去后变形过大，模板高低不对，位置吊错。

（6）装焊时，由于结构复杂，位置限制，无法一次组装成功，特别是结构内部的加强劲板和相应零部件，有时需装配 1 块，焊接 1 块，检查合格后再装焊第 2 块，这种“逐步倒退装焊法”必须严格按顺序进行，否则后续的零部件将无法装焊。

（三）防治措施

（1）在构件组装前，应熟悉施工详图和工艺文件的要求。

（2）用于组装工作的零部件，必须完成焊接、矫正结束并经检验合格。

（3）构件组装应在基础牢固且自身牢固，并经检验合格的胎架或专用工装设备上进行。

（4）用于构件组装的胎架基准面，或专用工装设备上，应标有明显的该构件的中心线（轴心线）、端面位置线和其他基准线、标高位置等。

（5）构件的隐蔽部位应在焊接、涂装前检查合格，方可封闭。

（6）定位焊应由持相应合格焊接证件的人员进行。

（7）构件或部件的端面加工前，应焊接完成并矫正结束，经专职检查员检查合格后方可进行端铣，以确保施工工艺要求的长度、宽度或高度。

（8）为了确保构件的加工精度，首先必须确保零部件的加工精度，最后才能确保整个工程的质量。

十七、焊接 H 型钢构件组装质量差

（一）现象

上、下翼缘板角变形；H 型钢弯曲，不平直，扭曲。

（二）原因分析

（1）上、下翼缘板与腹板焊接引起翼缘板角变形。

（2）腹板装配时不平直，板面弯曲，与上、下翼缘板角连接处边缘不平直。

（3）焊接工艺程序不正确。

（三）防治措施

（1）钢板下料前应先送到七辊、九辊矫平机去整平，达到在每一平方米范围内不平度小于1 mm。

（2）零件下料应采用精密切割；切割好后也应送去做二次矫平，然后再组装。

（3）上、下翼缘板与腹板均应采用数控直条切割机切割，切割时注意留焊接收缩余量、加工余量、切割余量等；切割后，对切割边缘均应修磨干净至合格。

（4）腹板下料后，对腹板上、下两个端侧面（与翼缘交接处）进行刨切加工，包括坡口，以保证平直度（与翼缘板可紧贴）和H型钢的高度。

（5）上、下翼缘板，按施工工艺根据不同板厚、不同焊接方法，用油压机焊接反变形，并用精确的铁皮样板检验其反变形角度。

（6）在H型钢组立机上进行组立，定位焊，为防止角变形，在后矫正的一边可设置。

（7）在船形胎架上用埋弧自动焊机进行焊接，其焊接顺序可根据其作用而有所不同，并辅以适当翻身焊接，以减少变形。焊后超声波检测，对于超过一定厚度的板焊接时，应按工艺要求进行预热（温度由板厚定），一般可用远红外加热器贴在翼缘板外进行预热。

（8）在H型钢矫正机上进行上、下翼缘板的角变形矫正以及弯曲、挠度及腹板平直度矫正，并可用局部火工矫正。

（9）以上面一端为标准，画H型钢腹板两侧的加劲板、连接板的位置线并进行装焊；注意在同一横截面两侧加劲板的中心线应对好位，误差应在范围之内；焊接时可对称施焊，以减少变形；焊后进行火工局部矫正。

（10）以上面标准为基准，画出另一端长度余量线及相应螺栓孔位置，切割去余量，并在数控钻床上钻孔。

（11）检查验收合格后，按要求进行喷砂、油漆并检测。

十八、焊接箱形构件组装质量差

（一）现象

箱形构件弯曲，不平直，扭曲；装焊程序不当，其内隔板可能无法装焊。

（二）原因分析

（1）零件板（上、下翼缘板，两侧板等）下料前后未矫平，装配时不平直，出现弯曲。

（2）焊接工艺程序及焊接参数不当。

（三）防治措施

（1）钢板下料前，应先送至七辊、九辊矫平机去整平，达到在每一平方米范围内不平度小于1 mm，零件下料切割好后，先要送去做二次矫平后才能组装。

(2)零件下料应采用精密切割,如上、下翼缘板和两侧腹板,应采用数控直条机进行切割下料;非规则零件用数控切割机切割下料(包括用数控等离子切割机)。

(3)材料下料时,均应考虑零件将来参与组装时的各种预留余量(如焊接收缩余量、加工余量、切割余量、火工矫正余量和安装余量等);下料后,对切割边缘应修磨干净至合格。

(4)两侧腹板切割下料后,宜刨切上、下两个端侧面(与翼缘交接处),包括坡口,以保证其平直度。然后在上、下两个端侧面坡口处装焊好焊接衬垫板,衬垫板应先矫平直,装配时应保证此两块衬垫板至腹板高度中心线的距离相等,且等于箱形构件高度和上、下翼缘厚度之和的一半,以确保箱形构件的总高,且保证能贴紧上、下翼缘板以及两侧焊缝坡口间隙相等。

(5)对内隔板及箱体两端的工艺隔板宜按工艺要求进行切割、开坡口(精密切割或机械加工),对隔板电渣焊处的夹板垫板,应由机械加工而成,然后在专用隔板组装平台上用工夹具按要求装焊好,以控制箱体两端截面和保证电渣焊操作。

(6)在箱形构件组立机上组装:①吊底板—底板上画线—吊装内隔板(包括箱体两端的工艺隔板),定位—吊装两侧板,定位,成“U 形箱体”。②将组装好的 U 形箱体吊至焊接平台上,进行横隔板、工艺隔板与腹板和下翼缘板间的焊接,对工艺隔板只需进行三面角焊缝围焊即可;对于横隔板与 2 块腹板的焊透角焊缝,采用 CO_2 气保焊进行对称焊接,板厚 >36 mm 时,还应先进行预热;横隔板焊接时,若用衬垫板,则单面焊透,若开双面坡口,一面焊后,另一面还应进行清根处理,焊后局部火工矫正,并进行 100% UT 探伤检查。③然后将 U 形箱体吊回组立机上,吊装上盖板,用组立机上的液压油泵将盖板与两侧板、内隔板相互紧贴,并将两侧板与盖板定位、矫正。④焊接上、下翼缘板和两侧腹板的 4 条纵缝,可用 CO_2 自动焊打底焊(焊高不超过焊缝深度的 1/3),采用埋弧自动焊盖面;采用对称施焊法,可控制焊接引起的变形(包括扭曲变形),焊后再进行局部火工矫正。⑤进行横隔板与盖板间的电渣焊,先画位置线,再钻孔,然后进行电渣焊,焊后将焊缝收口处修磨平整。⑥检查并对箱体变形处(如直线度、局部平整度、侧弯等)进行局部火工矫正。

(7)采用端面铣床对箱体上、下端面进行机加工,使端面与箱体中心线垂直,以保证箱体的长度尺寸,并给钻孔提供精确的基准面,可有效地保证钻孔精度。

(8)箱体中心线及托座安装定位线,然后在专用组装平台上装焊托座;采用 CO_2 半自动焊进行对称焊接,严格控制托座的相对位置和垂直度(角度)以及高强度螺栓孔群与箱体中心线的距离。

(9)检查、涂装、标识和存放待运。

十九、日字形钢构件组装质量缺陷

(一)现象

典型日字形钢构件,弯曲,不平直,扭曲;装焊程序不当,引起箱体内某些零部件无法装焊。

(二)原因分析

(1)零件板(上、下翼缘板及3块腹板)下料前后未矫平,装配时不平直,出现弯曲。

(2)焊接工艺程序及焊接参数(规范)不当。

(三)防治措施

(1)钢板下料前宜先送到七辊、九辊轧辊机上去轧平整,特厚板可采用油压机(如2 000 t油压机)压平整,零件下料后也要进行二次矫平。

(2)零件下料宜采用精密切割,规则直条板应用数控直条机进行切割下料,非规则零件板用数控切割机进行切割下料。

(3)零件下料时,应按施工工艺施放各种预留余量;下料后,对切割边缘应修磨干净至合格。

(4)侧板切割下料后,宜刨切上、下两个端侧面(与翼缘板角接处),包括坡口,以保证平直度和箱体高度。

(5)对内隔板及工艺隔板,按工艺要求进行精密切割,开坡口,并在专用隔板组装平台上,用工夹具将电渣焊用的夹板垫板定位装焊好并验收。

(6)在组立机上进行组装:①将中间腹板与上、下翼缘板组装成H形,定位焊好(由于翼缘板较宽,为防止焊接时产生过大的角变形,应适当设置局部斜支撑),然后进行预热,在龙门埋弧焊机下焊接成H形,并进行矫正,特别是翼缘板的平直度。②装焊中间腹板两旁的内隔板(采用CO_2气保焊进行三面围焊)焊后局部矫正。③将两侧腹板先定位装好坡口处衬垫板,要求平直并严格控制此两块衬垫板与腹板中心线的半宽距,以确保"日字形"的高度及与翼板两板焊缝间隙宽度一致,然后将此两块外侧腹板定位焊于上、下翼缘板之间。④进行箱体外4条纵缝的焊接;CO_2打底焊,埋弧自动焊盖面,采用对称施焊,以控制焊接变形。⑤隔板电渣焊,然后修磨平整。⑥对箱体的直线度、平整度及旁弯等进行火焰矫正。

(7)端铣箱体两端面。

(8)画线并装焊托座,检验合格,涂装、标识和存放待运。

二十、目字形构件组装质重缺陷

(一)现象

典型目字形构件弯曲,不平直,扭曲;装焊程序不当,引起箱体内某些零部件无法装焊。

(二)原因分析

(1)零件板(上、下翼缘板及4块腹板)下料前后未矫平,装配时不平直,产生弯曲。

(2)焊接工艺程序及焊接参数(规范)不当。

（三）防治措施

（1）钢板下料前宜先送到七辊、九辊轧辊机上去轧平整，特厚板可用压机（如 2 000 t 油压机）压平整，零件下料后也要进行二次矫平。

（2）零件下料宜采用精密切割，规则直条板应用数控直条机切割下料，非规则零件板用数控切割机切割下料。

（3）零件下料时，应按工艺要求施放各种预留余量；零件切割下料后，应对切割边缘进行打磨修补。

（4）4 块侧板的上、下端侧面，在切割下料后，宜进行刨切（包括坡口），以保证平直度和箱体构件的高度。

（5）对内隔板及工艺隔板也应按工艺要求进行精密切割，开坡口，并在专用隔板组装平台上，用工夹具将电渣焊用的夹板衬垫板定位装焊好，并进行验收。

（6）在组立机上进行组装：①吊装两块中间腹板之间的内隔板，并与先定位的下翼缘板定位焊好。②吊装中间两块腹板。③进行中间内隔板的三面围焊，焊后局部矫正。④吊装上翼缘板，要求此上盖板与两中间腹板贴紧定位焊好；并要求上盖板（已开好与中间内隔板第四面的塞焊孔）与中间内隔板贴紧，再进行上盖板与内隔板间的塞焊，检查并修磨。⑤焊接上、下翼缘板与中间两块腹板的 4 条纵缝，用 CO_2 气体焊或埋弧自动焊施焊，焊后局部矫正。⑥再定位焊好两侧的内横隔板，并进行与上、下冀缘板及中间腹板处的三面围焊，焊后局部矫正。⑦吊装两侧外腹板，注意外腹板上、下两端坡口处的平直度、焊缝衬垫板的平直度和到腹板中心线的半宽值，以确保目字形构件箱体的高度。⑧进行外侧的 4 条纵缝的焊接；CO_2 焊打底，埋弧自动焊盖面，进行对称施焊，以控制焊接变形。⑨外侧内隔板电渣焊，并修磨平整。⑩对箱体的直线度、平整度及旁弯进行火焰矫正。

（7）端铣箱体两端面。

（8）画线并装焊托座，检验合格，涂装、标识和存放待运。

二十一、圆管形构件组装质量缺陷

（一）现象

圆管形构件弯曲、不圆度超差；对接口错边、接口不平顺；用压机压圆成型，造成钢板表面压痕严重，且压制应力过大，不能压整圆（成型圆度不对）。

（二）原因分析

零件下料切割未达到要求；压机压圆成型不好。

（三）防治措施

（1）零件下料切割应采用精密切割，以确保外形尺寸。

（2）筒体板两端用压机（压模）进行压头，并用内圆样板检验其成型圆度，然后割除余量，开好纵缝坡口。

（3）送卷圆机轧卷全圆成型。

（4）筒体装配要保证纵缝接口平顺。

（5）内外纵缝均可用埋弧自动焊接，一般应先内焊，然后外侧清根后进行外焊接。

（6）送卷圆机回轧矫正圆度。

（7）组装内部隔板，可在滚轮胎架上施焊，若无滚轮胎架，可将筒体置于胎架上，用 CO_2 气体保护焊焊好一部分后，旋转筒体，再进行另一部分焊接，直至焊完。

（8）筒体段节间对接，焊接环缝。

（9）筒体上、下端面进行端铣。

（10）画线并装焊托座，以确保与筒体的垂直度或相对位置。

二十二、特殊巨型柱组装质量缺陷

（一）现象

特殊巨型柱弯曲，不平直。

（二）原因分析

（1）零件板下料前、后未矫平，装配时不平直，出现弯曲。

（2）焊接工艺程序不当，造成内部有零件无法装焊；焊接参数（规范）不当，造成焊缝质量差、内应力过大、变形大等问题。

（三）防治措施

（1）钢板下料前，应送到七辊、九棍矫平机上去进行轧平，达到每一平方米范围内小于 1 mm 的不平度，若钢板过厚，可用油压机进行压平（例如 2 000 t 油压机压平）。

（2）零件下料，应用精密切割，切割后对切割边缘打磨干净。

（3）先按 H 型钢成型、焊接、矫正和验收待用。

（4）将截面分成两部分，分别进行装焊、矫正和验收，在胎架上预组装在一起，送去端铣，然后再在胎架上合龙，画线装焊托座、栓钉，分段间连接板安装、检测，分放编号，拆开，抛丸发运。

（5）由于构件过大、过重，无法整体装焊后发运，因此要分成两部分，在场内制作时，可将此两部分先拼装在一起，待装好托座后再拆开，相当于应在场内进行预拼装，否则运到现场吊装时误差过大，甚至无法吊装。

（6）在每个流程后，均需进行检查及火工矫正。

二十三、焊接 H 型钢翼缘板边缘不规则

(一)现象

焊接 H 型钢翼缘板边缘不规则。

(二)原因分析

采购的扁钢,轧制时没有立辊。

(三)防治措施

应注意采购边缘有立辊的轧机轧制的扁钢,四角的 r 应小于等于 2.0 mm。

二十四、焊接 H 型钢腹板不对中和弯曲

(一)现象

焊接 H 型钢腹板不对中,且出现弯曲。

(二)原因分析

组装前腹板弯曲未曾矫平。

(三)防治措施

组装前腹板以及其他零件都应矫平校直。

二十五、焊后腹板起凸

(一)现象

焊后腹板起凸严重。

(二)原因分析

原来零件状态时腹板不平;焊接时约束度大,腹板受压,应力无法释放。

(三)防治措施

(1)如腹板是开平板,则必须经平板机整平后方可投入使用。
(2)采用减少焊缝收缩应力的措施,如使用 CO_2 气体自动焊,快速焊接等。

(3)如已经发生腹板不平,则只能在每一格内压平,同时用火焰矫正。

二十六、端板凹陷

(一)现象

端板凹陷。

(二)原因分析

组装前 H 型钢端面不平,腹板与端板焊缝大。

(三)防治措施

(1)组装前,H 型钢端部应平齐,应用机械切割,达到同一平面,组装时间隙不大于 1 mm。

(2)腹板与端板的焊脚应为腹板厚度的 0.7。

(3)已经变形的,用火焰矫正,在端板上施焊时应外侧烤红,使端板达到四边用平尺都能达到的 1 mm 平度内。

二十七、端板压弯

(一)现象

端板压弯。

(二)原因分析

端板单面焊接,焊缝收缩。

(三)防治措施

在端板外平面上施焊时应用火焰校正,或适当加外力。

二十八、大梁下挠或起拱不足

(一)现象

大梁下挠或起拱不足。

(二)原因分析

上翼缘焊缝较大且多;焊接次序不正确;未采用起拱措施,或起拱度太小。

（三）防治措施

（1）在组装前，腹板起拱应视构件情况及挠度大小，可以多点起拱或中央起拱。
（2）采用先焊下翼缘后焊上翼缘的焊接顺序。
（3）如 H 型钢断面较低时，可以校正；如冷校正困难时，可以加外力同时热校正。

二十九、表面漆膜损伤

（一）现象

表面漆膜损伤，没有一个构件是保持完整的。

（二）原因分析

（1）涂布过程中反复翻身，造成破坏。
（2）吊运过程中被夹具或钢丝绳勒坏。
（3）堆放过程中没有用软垫，直接堆放或与地面等接触。

（三）防治措施

（1）构件涂布时，必须架空 1 m 以上，在喷涂中不得翻动上下喷涂，待完全干燥后用尼龙带吊下，放置在木板上，构件间不得直接接触。

（2）补漆过程必须用砂子打磨，露出金属表面，然后按正式涂布程序，从底漆、中间漆、面漆，逐层干燥后涂布，达到同样的漆膜厚度。

三十、钢桁架焊后收缩

（一）现象

钢桁架焊后收缩，负差超标。

（二）原因分析

工艺没有规定组装时的预加收缩量；装配后未按工艺预放尺寸检查合格。

（三）防治措施

（1）编制工艺时必须规定组装时应留出焊接收缩余量。
（2）放胎、组装都应按工艺规定放出余量。
（3）装配工序是必检工序，未经检查合格，不得施焊。
（4）预放的余量，因工件断面、焊缝大小及焊接规范不同，要根据经验确定，如不能确定，还需做工艺试验。

三十一、檩托变形

（一）现象

檩托变形。

（二）原因分析

T 字形的檩托很小，数量很多，工艺上没有规定则先小装焊，校平以后再大装，在大装以后一次焊接造成变形，很难校正。

（三）防治措施

必须小装焊，校正以后不能装到上弦翼缘。

三十二、箱形断面构件焊接后断面尺寸负差超差、扭转

（一）现象

箱形断面构件，焊接后发现断面尺寸负差超差，扭转呈菱形。

（二）原因分析

腹板下料及加劲板尺寸不正确；加劲板间距太大；焊接或组装平台不平。

（三）防治措施

（1）严格控制腹板、翼板下料宽度。
（2）腹板切割坡口时必须两侧对称切割，防止形成平面内弯曲。
（3）隔板必须加工、组装精确，不得有负差或菱形出现。
（4）隔板之间每 1 ~ 1.5 m 应有抗扭加劲的工艺板。
（5）组装和焊接的平台，必须找平，不得扭曲。
（6）主缝焊接必须两侧同时进行，且同向焊接。

三十三、漆膜附着不好或脱落

（一）现象

漆膜附着不好或脱落。

（二）原因分析

基底有水、油污、尘土、返锈；涂布时温度过低；所采用涂料之间不相匹配。

（三）防治措施

（1）喷涂现场必须在温度+5 ℃以上，温度露点差 3 ℃以上，周围相对湿度低于 85% 时方可涂布。

（2）除锈后必须在 6 h 内喷涂底漆，以保证不返锈。

（3）喷涂现场应清洁，不得在构件表面存留污物或油污，有油污处必须用稀料或汽油清洗干净。

（4）所用各层涂料，必须配制合适，必要时应进行工艺试验。

（5）在露天喷涂时，刮风扬沙天气应停止作业。

三十四、构件表面磕碰损伤

（一）现象

构件表面磕碰损伤。

（二）原因分析

吊运、翻身时互相碰撞；工作胎架老旧，表面有焊疤，工件放置或翻身时造成伤痕。

（三）防治措施

（1）文明施工，防止碰撞。

（2）工作凳子表面要及时清理，不应有焊疤等不平整现象。

（3）伤痕深度不超过 1 mm 时，打磨；超过 1 mm 时，补焊磨平。

三十五、孔位偏差超标

（一）现象

孔位偏差超差。

（二）原因分析

画线误差，钻孔偏差；钻模未夹紧，钻孔时松动；定位基准未找准；数据输入错误。

（三）防治措施

（1）加强钻孔前的检查，如人工画线应打上样冲，明辨画线和钻孔工序的责任等。

(2)批量生产时,应强调首件检查。

(3)工艺中应对有具体要求的零件注明对准的基准边。

(4)数据机床的输入程序,应经审查无误后方可投入使用。

(5)当孔位偏差小于 2 mm 时,可以把该组孔眼扩大 2 mm;当孔位偏差大于 2 mm 时,必须堵焊、磨平,重新钻孔。堵焊时必须焊透,不得塞垫钢筋等物体;必要时,进行超声波检查。

三十六、梁支座端高度超差

(一)现象

梁支座端高度超差。

(二)原因分析

支座板下端未刨光;组装时未控制高度尺寸。

(三)防治措施

(1)支座端部应按图纸加工刨平。

(2)组装时控制高度尺寸。

第三节　钢结构精确测量及质量控制

一、控制网闭合差超过允许值

(一)现象

地面控制网中测距超过 1/250 000,测角中误差大于 2″,竖向传递点与地面控制网点不重合。

(二)原因分析

按结构平面选择测量方法;平面轴线控制点的竖向传递方法有误。

(三)防治措施

(1)控制网定位方法应根据结构平面而定:①矩形建筑物定位,宜选用直角坐标法;任意形状建筑物定位，宜选用极坐标法；②平面控制点距离测点较长，量距困难或不便量距时，宜选用角度（方向）交会法；③平面控制点距测点距离不超过所用钢尺的全长，且场地量距条件较好时，宜选用距离交会法；④使用光电测距仪、全站仪定位时，宜选极坐标法；⑤当超高层钢结构大于或等于 400 m 高度时，附加 GPS 做复核。

（2）根据结构平面特点及经验选择控制网点。有地下室的建筑物，开始可用外控法，即在槽边±0.00 处建立控制网点，当地下室达到±0.00 后，可将外围点引到内部，即内控法。

（3）无论内控法或外控法，必须将测量结果进行严密平差，计算点位坐标，按设计坐标进行修正，以达到控制网测距相对中误差小于 1/250 000，测角中误差小于 2″。

（4）基准点处预埋 100 mm×100 mm 钢板，必须用钢针划十字线定点，线宽 0.2 mm，并在交点上打样冲点，钢板以外的混凝土面上放出十字延长线。

（5）竖向传递必须与地面控制网点重合，做法如下：①控制点竖向传递，采用内控法，投点仪器选用全站仪、激光铅垂仪、光学铅垂仪等；②根据仪器的精度情况，可定出一次测得高度，如用全站仪、激光铅垂仪、光学铅垂仪，在 100 m 范围内竖向投测黏度较高，当高层采用附着塔吊、附着外爬塔吊、内爬塔吊时，其竖向传递点宜在 80 m 以内；③定出基准点控制网，其全楼层面的投点，必须从基准控制点引投到所需楼层上，严禁使用下一楼层的定位轴线。

（6）经复测发现地面控制网中测距超过 1/250 000，测角中误差大于 2″，竖向传递点与地面控制网点不重合时，必须经测量专业人员找出原因，重新放线定出基准控制网点。

二、楼层轴线误差

（一）现象

楼层纵横轴线超过允许值。

（二）原因分析

（1）现场环境、楼层高度与测设方法不相适应。

（2）激光仪或弯管镜头经纬仪操作有误，或受外力振动等，造成标准点发生偏移。

（3）受雾天、阴天、阳光照射等天气影响。

（4）放线太粗心，钢尺、激光仪、经纬仪、全站仪等未进行周期检测。

（5）钢结构本身受外力振动，标准点发生偏移。

（三）防治措施

（1）高层和超高层钢结构测设，根据现场情况可采用外控法和内控法。外控法适用于现场较宽大，高度在 100 m 以内；内控法适用于现场宽大，高度超过 100 m。

（2）利用激光仪发射的激光点标准点，应每次转动 90°，并在目标上测 4 个激光点，其相交点即为正确点；除标准点外的其他各点，可用方格网法或极坐标法进行复核。

（3）测放工作应考虑塔吊、作业环境与气候的影响。

(4)对与结构自振周期一起的结构振动,取其平均值。

(5)钢尺要统一,使用前要进行温度、拉力、挠度校正,宜采用全站仪。

(6)在钢结构上放线应采用钢划针,线宽一般为0.2 mm。

第四节　钢结构焊接及质量控制

一、焊接变形、收缩

(一)现象

钢结构构件在制造安装焊接过程中会产生纵、横向收缩,角变形及弯扭等现象。

(二)原因分析

(1)焊接时构件受到不均匀的局部加热和冷却是产生焊接变形和应力的主要原因。

(2)焊缝金属在焊接热循环作用下会产生相变,而相变组织的改变导致焊缝金属的体积变动,从而引起应力、应变。

(3)不同的焊接接头形式,使熔池内熔化金属的散热条件有所差别,从而导致焊缝中处于不同位置的熔化金属随熔池冷却所产生的收缩量不同,最终导致应力、应变的产生。

(4)构件的刚性及构件焊前所经历的冷加工工艺等对焊接应力、应变的产生和其量值的大小有较大的影响。

(三)预防措施

(1)合理安排焊缝布局和接头形式,如尽量使焊缝对称分布,减少焊缝尺寸和数量。

(2)优先选用焊接能量密度高的焊接工艺方法,如埋弧焊或气体保护焊等。

(3)采用反变形或刚性固定方式进行组装。

(4)采用合理的焊接工艺参数,减少热输入量。

(5)采用合理的焊接顺序,尽可能采用对称位置焊接,对长焊缝可采用分段退焊、跳焊等工艺。

(6)在焊接过程中,可采用强迫冷却以限制和缩小焊接受热面积,或采用锤击方法减少产生变形的应力。

(7)对于厚板大跨度或多层钢结构,为消除由于收缩变形所产生的累积误差,可根据试验结果或经验,采用补偿方法进行修正。

（四）治理方法

对于因工艺和措施不当，已造成变形的构件可采用机械或加热方法对变形部位进行矫正。

1. 机械方法

（1）静力加压法：对构件变形部位施以与其变形方向相反的作用力，使之产生塑性变形，以达到矫正目的。

（2）薄板焊缝滚压法：对产生变形的焊缝采用窄滚轮滚压焊缝及附近区域，使之产生沿焊缝长度方向的塑性变形，以降低或消除焊接变形。

（3）锤击法：采用机械或电磁锤击法使材料产生塑性延伸，补偿焊接所造成的收缩变形；与机械锤击法相比，电磁脉冲矫正法对构件施加的矫正力相对均匀，对其表面所造成的伤害较小，适用于导电系数较高的材料，如铝、铜等。

2. 加热法

（1）整体加热法：预先将变形部位用刚性夹具复原到设计形状后，对整体构件进行均匀加热，达到消除焊接变形的目的。

（2）局部加热法：多采用火焰对构件局部加热，在高温下材料的热膨胀受到构件自身的刚性约束，产生局部的压缩变形，冷却后收缩，抵消焊后在该部位的伸长变形，达到矫正的目的。

当采用加热方法进行构件变形矫正时，应注意加热温度，一般低碳钢或低合金钢的加热温度应为 600 ~ 800 ℃，不能过高，以防因金属过烧而氧化，导致物理性能发生变化。

二、焊接裂纹

（一）现象

由于工艺或选材不当在焊缝或热影响区附近产生裂纹。

（二）原因分析

按裂纹产生的机制划分可分为五大类：即热裂纹、再热裂纹、冷裂纹、层状撕裂及应力腐蚀裂纹。但在一般钢结构焊接工程中常见的裂纹种类有：热裂纹，也叫结晶裂纹；冷裂纹，也叫延迟裂纹及层状撕裂。

1. 热裂纹

热裂纹的基本特征是在焊缝的冷却过程中产生，温度较高，通常在固相线附近。沿晶开裂，裂纹断口有氧化色彩，多位于焊缝中沿纵轴方向分布，少量在热影响区。其产生的主要原因是钢材或焊材中的硫、磷杂质与钢形成多种脆、硬的低熔点共晶物，在焊缝的冷却过程中，最后凝固的低熔点共晶物处于受拉状态，极易开裂。

2. 冷裂纹

对于钢结构工程中常用的低碳钢和低、中合金钢，由焊接而产生的冷裂纹又称延迟裂纹。这种裂纹通常在200 ℃至室温范围内产生，有延迟特征，焊后几分钟至几天出现，往往沿晶启裂，穿晶扩展。大多数出现在焊缝热影响区焊趾、焊根、焊道下，少量发生于大厚度多层焊焊缝的上部。其产生的主要原因与钢材的选择、结构的设计、焊接材料的储存与应用及焊接工艺有密切的关系。

其主要特征为当焊接温度冷却到400 ℃以下时，在一些板材厚度比较大，杂质含量较高，特别是硫含量较高，且具有较强沿板材轧制平行方向偏析的低合金高强钢，当其在焊接过程中受到垂直于厚度方向的作用力时，会产生沿轧制方向呈阶梯状的裂纹。裂纹断口有明显的木纹特征，断口平台上分布有夹杂物，多发生于热影响区附近或板材厚度方向的中间位置。

（三）预防措施

1. 热裂纹

（1）对于一般钢结构工程常用的低碳钢或低合金钢，以及与之相匹配的焊接材料，要严格控制硫、磷含量，特别是对那些为了提高低温冲击韧性，而在其中加入镍元素的钢材或焊材，对硫、磷有害元素的控制应更加严格，以避免低熔点共晶物的形成。

（2）充分预热；控制线能量；控制焊缝的成型系数；减少熔合比，即减少母材对焊接金属的稀释率；降低拘束度。线能量的控制应以采用较小的焊接电流和焊接速度来实现，而不能采用提高焊接速度的方法；焊缝的成型系数是指焊缝的熔宽与熔深之比，在实际工程中应尽量避免形成熔宽较窄而熔深较大即成型系数过小的焊缝。

2. 冷裂纹

（1）控制组织的硬化倾向：在设计选材时，应在保证材料综合性能的前提下，尽量选择碳当量较低的母材。当母材已经确定无法变更时，为限制组织的硬化程度，唯一的途径就是通过调整焊接工艺条件，最终达到控制淬硬组织和热脆组织的目的。

（2）减少拘束度：所谓减少拘束度主要是指减少造成焊接节点处于受拉状态的拘束。一般认为产生压应力的拘束，如某些弯曲拘束，反而可以抵消部分拉应力，提高焊缝抗冷裂纹的能力。因此，从设计和焊接工艺制订阶段就应尽量减小构件刚度和拘束度，并避免由于焊工操作不当造成的各种缺陷，如咬边、焊缝成型不良、错边过大、未熔合、未焊透、坡外随意引弧和安装临时卡具等形成所谓的“缺口”效应，而导致冷裂纹的产生。

（3）降低扩散氢含量：为了限制焊缝中氢的含量，要从焊材材料、工艺方法及参数和焊后热处理等方面入手。首先要尽可能选择低氢或超低氢的焊接材料，并应注意保管，防止受潮。对于焊条、焊剂类材料，使用前应严格按照产品说明书进行烘干，且其保存、使用及在空气中允许外露的时间和重复烘干次数应按照 GB 50661—2011《钢结构焊接规范》的相关要求执行。在焊接工艺参数确定方面，应在满足其他条件的基础上，适当增加线能量，以利于氢的逸出。同时，应根据实际情况适当增加预热及后热措施，以降低冷裂纹产生的可能性。

3. 层状撕裂

（1）接头设计：改变焊接节点的接头形式，可有效降低应力应变，防止层状撕裂的发生。另外，减少坡口及角焊缝的尺寸，可有效减少应力应变，降低层状撕裂产生的概率。

（2）选材：根据现行国家标准 GB 50205—2001《钢结构工程施工质量验收规范》的规定，当板材厚度大于等于 40 mm，且设计有 Z 向性能要求的厚板时，应进行抽样复验，复验的项目主要包括三个方面的内容：一是化学成分；二是无损检测；三是力学性能。首先，要严格控制化学成分，防止硫化物或氧化物等低熔点共物沿轧制方向形成夹层；其次，可采取超声波方法对钢材进行检测，以确保沿轧制方向形成的夹杂物分层的分布情况在标准允许的范围内；最后，可采用力学方法测试板材的 Z 向性能，常用的手段是进行板厚方向的拉伸试验。

（3）工艺控制：首先，应选择低氢焊接方法，如实芯焊丝的气体保护焊或埋弧焊；其次，要适当预热，采用较小的热输入量，控制焊缝尺寸，尽可能采用多层多道；最后，必要时可采用低强度的焊材焊接过渡层，使应力集中于焊缝，减少热影响区的应变。

（四）治理方法

对于已发生裂纹的构件，可按照现行国家标准 GB 50661—2011《钢结构焊接规范》的相关规定进行返修。

三、未熔合及未焊透

（一）现象

未熔合主要是指母材与焊缝之间、焊缝与焊缝之间出现的未熔化现象，而未焊透则表现为单面或双面焊缝根部母材有未熔化的现象。

（二）原因分析

两者产生原因基本相同，主要是工艺参数、措施及坡口尺寸不当，坡口及焊道表面不够清洁或有氧化皮及焊渣等杂物，焊工技术较差等。

（三）预防措施

（1）按照相关标准和规范，结合具体工况条件正确选择坡口尺寸，避免坡口角度和根部间隙过小及钝边过火，并按要求在焊前及焊接过程中对坡口和焊缝表面进行清理。

(2)选择适当的焊接工艺参数,特别是电流不能太小。

(3)重视对焊接电弧的长度、焊条及焊丝的角度及焊炬的运行速度进行控制,以保证母材与焊缝及焊缝与焊缝之间的良好熔合。

(四)治理方法

对于已发现未熔合及未焊透的构件,可按照 GB 50661—2011《钢结构焊接规范》的规定进行返修。

四、气孔

(一)现象

焊缝金属中存在具有孔洞状的缺陷。

(二)原因分析

气孔按其产生形式可分为两类,即析出型气孔和反应型气孔。析出型气孔主要为氢气孔和氮气孔,反应型气孔在钢材(即非有色金属)的焊接中则以 CO 气孔为主析出型气孔的主要特征是多为表面气孔。氢气孔与氮气孔的主要区别在于氢气孔以单一气孔为主,而氮气孔则多为密集型气孔和内部气孔。焊缝中气孔产生的主要原因与焊材的选择、保存与使用,焊接工艺参数的选择,坡口母材的清洁程度及熔池的保护程度等有很大关系。

(三)预防措施

1.氢气孔

(1)消除气体来源:严格执行相关标准规范的规定,对坡口及焊丝表面进行检查,发现有氧化膜、铁锈及油污等有害物质时,应采用烘干、烘烤或砂轮打磨等方法去除干净。

(2)焊接材料的保存与使用:应严格按照产品说明书及现行国家标准 GB 50661—2011《钢结构焊接规范》的规定执行。

(3)焊接材料的选择:低氢型或碱性焊条的抗锈能力比酸性的要差,而采用高碱度焊剂的埋弧焊,则不同于碱性焊条具有较低铁锈敏感性。在气体保护焊的保护气体中选用纯 CO_2,或 CO_2 与 Ar 混合的保护气体,比纯 Ar 气保护具有更高的抗锈能力,可降低氢气孔发生概率。

2.氮气孔

氮气孔的主要来源是空气中的氮,因此加强熔池的保护是防止氮气孔产生的主要手段。如采用手工焊条电弧焊接方法,应注意电弧长度不宜过长。若采用气体保护焊,则应关注气体流量与所处位置的风速匹配关系。一般情况下,手工焊条电弧焊适用于风速小于 8 m/s

的工作环境，而气体保护焊当其保护气体流量不大于25 L/min时，其抗风能力为2 m/s。

3. CO气孔

CO气孔属于反应型的焊缝内部气孔，其产生的主要原因是焊接熔池的冶金反应过程中产生的CO气体在熔池冶金凝固前未能及时析出所致。因此，控制熔池中氧含量及减慢焊缝冷却速度是减少CO气孔产生的有效措施。要达到上述目的，首先应减少母材及焊接材料的碳、氧含量，并清除坡口及附近的氧化物；其次应适当增加线能量，降低熔池的冷却速度，以利于CO气体的析出。另外，对于所有类型的气孔，采用直流电源比采用交流电源有利于减小气孔的生成概率，且直流反接比直流正接更有效。

（四）治理方法

对于已发现存在气孔的焊缝金属，可按照GB 50661—2011《钢结构焊接规范》的规定进行返修。

五、夹渣

（一）现象

焊缝金属中由非金属夹杂物形成的缺陷。

（二）原因分析

非金属夹杂物的种类、形态和分布主要与焊接方法、焊条和焊剂及焊缝金属的化学成分有关。常见的非金属夹杂物主要有三种：氧化物、硫化物和氮化物。前两项主要来自焊接材料，而氮化物则只能来自空气。

（三）预防措施

（1）严格控制母材和焊材有害元素的含量，如硫和氧的含量。

（2）选择合理的焊接工艺参数，保证夹杂物能浮出。

（3）多层多道焊应注意清除前道焊接留下的夹杂物。

（4）焊条或药芯焊丝气体保护焊时，应注意焊条或焊丝的摆动角度及幅度，以利于夹杂物的浮出。

（5）焊接过程中，要使熔池始终处于受保护状态，以防空气侵入液态金属。

（四）治理方法

对于已发现未熔合及未焊透的构件，可按照GB 50661—2011《钢结构焊接规范》的规定进行返修。

六、低温环境下焊接质量差

（一）现象

不考虑实际情况及相关标准规范的要求，在低温环境下盲目操作，导致焊接质量下降。

（二）原因分析

过低的环境温度会导致熔池的冷却速度加快，特别是对高强度钢易形成脆硬的马氏体组织，导致冷裂纹的产生。另外，若无特殊的局部保温措施，过低的环境温度会严重影响焊工技术水平的发挥。

（三）预防措施

（1）应根据设计要求和工程类型选择与之相符的技术标准及规范，熟悉并掌握其对制造及施工环境条件的要求，并与实际情况相结合。目前国内外相关焊接技术标准与规范中，对按常规条件施焊所允许的最低环境温度要求存在较大的差异，施焊前要充分了解制造及施工环境是否满足所用标准规范的相关技术要求，如有差异，应提前进行相关的低温焊接工艺评定试验，并根据试验结果编制专用的工艺技术方案。

（2）在技术工艺方案可行的前提条件下，还应充分考虑其可操作性，尤其是焊工操作的灵活性。如有阻碍，则考虑局部保温措施，以保证焊接质量不受影响。

（四）治理方法

根据具体情况按照现行国家标准 GB 50661—2011《钢结构焊接规范》的规定进行返修。

七、熔化极气体保护电弧焊常见缺陷

（一）现象

熔化极气体保护电弧焊中常见的缺陷主要有：焊缝尺寸不符合要求、咬边、焊瘤、根部未焊透、未熔合、气孔、夹渣及裂纹等。

（二）原因分析

（1）焊缝尺寸不符合要求：其形状与焊条电弧焊基本相同。其产生的主要原因除坡口角度不当、装配间隙不均匀、工艺参数选择不合理及焊接技能较低外，还有焊丝外伸过长、焊丝校正机构调整不良和导丝嘴磨损严重等。

（2）咬边：焊接电流、电压或速度过大，停留时间不足，焊枪角度不正确是其产生的主要原因。

(3)焊瘤和熔透过度:焊瘤产生的原因与焊条电弧焊基本相同,主要是焊接电流、焊接速度匹配不当,焊接操作技能较差所致;而熔透过度则主要是因为热输入过大及坡口加工不合适。

(4)飞溅:其产生的主要原因是电弧电压过低或过高,焊丝与工件清理不良,焊丝粗细不均及导丝嘴磨损严重。

(三)预防措施

(1)焊缝尺寸不符合要求:在提高接头装配质量,选择合理的工艺参数,并保证焊工的操作技能达到相关考核标准要求。同时,对焊丝伸出长度和送丝速度进行调整,并应关注导丝嘴的磨损情况,磨损严重时应及时更换。

(2)咬边:在降低焊接电压或焊接速度的同时,还可通过调整送丝速度来控制电流,避免电流过大,且应适当增加焊丝在熔池边缘的停留时间,并控制焊枪角度。

(3)焊瘤和熔透过度:为避免焊瘤的产生,要根据不同的焊接位置选择焊接工艺参数,电流不能过大,焊速适中,严格控制熔池尺寸。对于熔透过度,除采取上述措施外,还应注意坡口的组对,适当减小根部间隙,增大钝边尺寸。

(4)飞溅:焊前应仔细清理焊丝和坡口表面,去除各种污物;并应检查压丝轮、送丝管及导丝嘴,如有损坏应及时更换。同时,应根据焊接工艺文件及实际施焊情况,仔细调整电流和电压参数,使之达到理想的匹配状态。

(四)治理方法

对熔化极气体保护电弧焊中产生的焊缝尺寸不符合要求、咬边、焊瘤及飞溅等缺陷,可采用砂轮打磨及补焊方法进行处理。

八、电渣焊常见质量缺陷

(一)现象

电渣焊中常见的主要缺陷有热裂纹、冷裂纹、未焊透、未熔合、气孔和夹渣。

(二)原因分析

各种缺陷产生原因见 GB 50661—2011《钢结构焊接规范》相关内容。

(三)预防措施

(1)热裂纹:除应采取 GB 50661—2011《钢结构焊接规范》相关内容的措施外,还应注意降低焊丝送进速度;焊接冒口应远离焊件表面,焊接结束前应逐步降低焊丝送进速度。

(2)冷裂纹:除应采取 GB 50661—2011《钢结构焊接规范》中规定的相关措施外,还应注意避免焊接过程中断。对于焊缝,特别是停焊处的缺陷要在焊缝未冷却前及时修补。当室温低于 0 ℃时，要注意焊后保温缓冷。

(3)未焊透：除应采取 GB 50661—2011《钢结构焊接规范》中规定的相关措施外，还应注意保持稳定的电渣过程，调整焊丝或熔嘴，使其距水冷成型滑块距离及在焊缝中位置符合工艺要求。

(4)未熔合：除应采取 GB 50661—2011《钢结构焊接规范》中规定的相关措施外，还应注意保持稳定的电渣焊过程；选择适当的熔剂，避免熔剂熔点过高。

(5)气孔：除应采取 GB 50661—2011《钢结构焊接规范》中规定的相关措施外，还应注意焊前仔细检查水冷成型滑块，以防漏水。

(6)夹渣：除应采取 GB 50661—2011《钢结构焊接规范》中规定的相关措施外，还应注意保持稳定的电渣焊过程，选择适当的熔剂，避免熔剂熔点过高；当采用玻璃丝棉进行绝缘时，应防止过多的玻璃丝棉熔入熔池。

（四）治理方法

对于已发现的各类缺陷，可根据具体情况按照现行国家标准 GB 50661—2011《钢结构焊接规范》的相关规定进行返修。

九、碳弧气刨常见质量缺陷

（一）现象

气刨操作中常见质量缺陷主要有焊缝夹碳、粘渣、铜斑、刨槽尺寸和形状不规则及裂纹。

（二）原因分析

(1)操作人员未经过专业培训，操作技能较差。

(2)工艺参数选择不当，且未按相关工艺要求进行后处理。

(3)碳棒质量不合格。

（三）预防措施

(1)建立健全相关从业人员的岗前培训考核制度，提高从业人员的操作技能。

(2)严格控制工艺参数：①电源极性一般应采用直流反接；②电流与碳棒直径的匹配关系；③刨削速度一般应控制在 0.5～1.2 m/min；④压缩空气压力应为 0.4～0.6 MPa；⑤碳棒伸出长度应为 20～100 mm；⑥碳棒与工件的夹角一般为 45°。

(3)夹碳缺陷产生的主要原因是刨削速度和碳棒送进速度不匹配。为防止该缺陷的产生，应适时对其进行调整。

(4)在操作过程中应经常注意压缩空气压力的变化，以防止由于压缩空气压力过低而导致吹出的氧化铁和碳化铁等化合物形成的熔渣粘连在刨槽两侧。

(5)在操作过程中若发现有碳棒铜皮脱落的现象，应及时进行更换。若碳棒质量没有问题而刨槽中仍有夹铜现象发生，则应考虑适当减小电流，以避免由于刨槽夹铜而在后继焊接过程中产生热裂纹。

（四）治理方法

在操作过程中已形成的夹碳、夹渣及夹铜等缺陷，应采用砂轮、风铲或重新气刨等方法将其去除，以避免冷、热裂纹的产生。

十、焊接球节点球管焊缝根部未焊透

（一）现象

焊接球节点球管焊缝根部未焊透。

（二）原因分析

（1）考虑安装方便和保证球节点的空中定位精度，球管钢网格结构经常采用的节点形式为单V形坡口，根部不留间隙；而承受动载荷的球管钢网格结构，为提高结构的疲劳寿命也只能采用上述节点形式，从而导致焊缝根部不易焊透。

（2）焊工技能较差。

（3）坡口角度、焊接工艺参数、焊接工艺方法及焊条直径选择不当。

（三）预防措施

（1）对于承受静荷载结构，建议采用单V形坡口加衬管且根部预留间隙的节点形式。

此种方法虽在一定程度上增加了组装工作量，但对焊工的技术水平要求相对较低，可以有效避免根部未焊透缺陷的产生，提高焊缝的一次合格率。

（2）对于承受动荷载的结构，由于衬管与结构受力管件在节点处形成几何突变，造成应力集中，其对疲劳寿命的影响远大于根部局部未焊透的程度。因此，应采用单V形坡口且根部不留间隙的节点形式。为克服由此产生焊缝一次合格率偏低的现象，建议采取如下措施：①当管壁厚度小于10 mm时，应采用单V形坡口；当管壁厚度大于10 mm时，建议采用变截面形坡口，坡口加工宜采用机械方法，既可提高安装的定位精度，又可提高工作效率。②建议采用手工电弧焊或脉冲式富氩气体保护焊接方法进行打底焊道的焊接。③应尽可能保证角焊缝表面与管材表面的夹角不大于350°，以减少焊趾处的应力集中，提高抗疲劳寿命。

（3）对从事承受动荷载结构球管节点焊缝焊接工作的焊工，必须进行岗前模拟培训，使之熟悉工艺参数和操作要领，以提高产品的一次合格率。

（四）治理方法

对于已产生根部未焊透缺陷的焊缝，应首先采用超声波检测方法对缺陷进行精确定位，然后严格按照GB 50661—2011《钢结构焊接规范》的规定进行返修。

十一、栓钉焊接质量缺陷

(一)现象

目前栓钉焊接的质量问题比较突出,主要表现为现场抽样检验不能满足现行国家标准 GB 50205—2001《钢结构工程施工质量验收规范》第 5 章第 5.3 节及行业标准 CECS 226—2007《栓钉焊接技术规程》的质量要求。

(1)外观质量检验符合标准。

(2)现场弯曲试验应采用锤击方法,在焊缝不完整或焊缝尺寸较小的方向将其从原轴线弯曲 30°,视其焊接部位无裂纹为合格。

(二)原因分析

(1)栓钉焊接操作人员未经过专业培训。

(2)栓钉及瓷环材质和型号不符合要求。

(3)工艺参数及措施不当。

(三)预防措施

(1)栓钉焊接操作人员应严格按照行业标准 CECS 226—2007《栓钉焊接技术规程》的要求进行培训考核,取得证书后方可上岗。实际操作时应严格遵守证书的限定范围,不得超限。

(2)栓钉和瓷环材质及型号选择应符合现行国家标准 GB/T 10433《电弧螺柱焊用圆柱头焊钉》和行业标准 CECS 226—2007《栓钉焊接技术规程》中的有关规定,特别需要注意瓷环型号,应注意区分穿透型和非穿透型,不可混用,否则会严重影响焊接质量。

(3)采取非穿透焊的焊接工艺参数。

(4)栓钉焊接的设备及工艺应参照现行行业标准 CECS 226—2007《栓钉焊接技术规程》的相关规定执行。

(四)治理方法

对于已发现缺陷的栓钉应按现行行业标准 CECS 226—2007《栓钉焊接技术规程》的相关规定执行。

十二、管-管相贯节点焊接质量缺陷

(一)现象

局部根部未焊透,且焊角尺寸达不到设计要求。

（二）原因分析

（1）对熔透焊缝的理解有误。一般情况下人们常将熔透焊缝理解成在焊接接头处至少有一块被焊板材在焊接过程中被全部熔透的焊缝，但事实并非如此，在焊接专业术语里将所谓的熔透焊缝定义为，从接头的一面焊接所完全熔透的焊缝。一般指单面焊双面成型焊缝。由于概念上的误差或对标准的理解不够，经常导致在管相贯节点的组装过程中忽略了对节点根部或过渡区根部间隙的控制，从而将熔透焊缝变成局部熔透或角焊缝。

（2）焊角尺寸达不到设计要求：目前国内的实际情况是从设计到制造、安装的技术人员缺乏对 GB 50661—2011《钢结构焊接规范》第 5 章第 5.3.6 条的理解，没有完全掌握管相贯节点过渡区和根部熔透、局部熔透和角焊缝尺寸的计算方法，从而导致焊缝尺寸达不到设计要求。

（3）目前国内外均缺少对管相贯节点过渡区和根部焊缝熔敷情况及焊缝质量有效而简便的检测方法。

（三）预防措施

（1）应加强对设计、制造、安装的技术人员及焊工的培训与标准宣贯，使其充分了解熔透与局部熔透及角焊缝之间的区别，掌握焊缝尺寸的计算方法。

（2）加强管相贯焊接节点的过程控制，以保证相贯节点的不同部位的尺寸达到设计和规范的要求。

（3）加强焊工岗前模拟培训与考核，提高焊工的操作水平。

（四）治理方法

（1）由焊接缺陷导致的质量不合格可按照 GB 50661—2011《钢结构焊接规范》的规定进行返修。

（2）对于焊缝尺寸偏差导致焊缝强度不够的问题，则应严格按照现行国家标准 GB 50661—2011《钢结构焊接规范》的要求重新计算并进行补强。

第五节　钢结构的高强螺栓连接及质量控制

一、高强度螺栓孔超过偏差

（一）现象

高强度螺栓孔孔径、间距、垂直度、圆度超差，高强度螺栓无法自由穿入。

(二)原因分析

制孔设备精度差;制孔工艺工序不合理;操作不熟练。

(三)防治措施

(1)制孔应采用钻孔工艺,钻孔时,须保证钻头与工件的垂直度,工件须固定。

(2)成批的孔眼宜采用套模制孔,可采用划针制作模板,孔心应打样冲眼。多层板叠加时,须确保板之间相对固定。成孔后,应清除孔眼周边毛刺。

(3)操作人员应事先培训。

二、框架结构、梁柱接头承受荷载后接头滑移

(一)现象

在正常使用荷载下,框架结构、梁柱接头承受荷载后接头发生滑移。

(二)原因分析

(1)使用的不是大六角头高强度螺栓,而是错误地使用了标准六角头螺栓,并按普通六角头螺栓施工,无紧固扭矩要求。

(2)梁-柱接头、栓-焊连接、腹板用螺栓连接,翼缘未进行焊接。

(三)防治措施

(1)对采购员技术交底应清楚,强调设计采用的10.9级,是大六角头高强度螺栓,需要保证扭矩系数,对紧固扭矩有要求;不能采购标准六角头高强度螺栓,这种螺栓对紧固扭矩没有要求,按普通螺栓施工。

(2)对制作施工人员应交底清楚,对栓-焊混合接头、腹板栓接翼缘必须焊接。

三、连接接头螺栓孔错位及扩孔不当

(一)现象

节点螺栓安装完后,能明显看到有错位的螺栓孔。

(二)原因分析

(1)螺栓孔采用画线成型方法,孔及孔距的误差过大,造成节点板通用性差。

(2)安装时因螺栓不能自由穿孔,随意拿气割扩孔,造成螺栓孔过大,垫圈盖不住。

（三）防治措施

（1）当板厚大于 12 mm 时，冲孔会使孔边产生裂纹和使钢板表面局部不平整。因此高强度螺栓孔制孔，必须按规范要求采用钻孔成型工艺。

（2）对栓孔较多的节点板，应用数控钻床或套模制孔，确保节点板的互换性。

（3）安装高强度螺栓时，螺栓应能自由穿入螺栓孔。安装或制作公差造成孔错位时，不得采用气割扩孔，应该采用铰刀扩孔，且按 GB 50205—2001《钢结构工程施工质量验收规范》的要求，扩孔后的孔径不得超过 1.2 d（d 为高强度螺栓直径）。

四、高强度螺栓施工不符合规范要求

（一）现象

（1）高强度螺栓在工地户外贴地堆放，随意拿苫布一盖，且未盖严，螺栓生锈严重。

（2）螺母、垫圈均有装反。

（二）原因分析

（1）螺栓储存不符合 JGJ 82—2011《钢结构高强度螺栓连接技术规程》的要求，高强度螺栓应按规格分类存放于室内，防止生锈和沾染脏物。

（2）安装工地随处可见一箱箱被打开的高强度螺栓连接副，而 JGJ 82—2011《钢结构高强度螺栓连接技术规程》规定，应按当天安装需要的数量从库房领取，当天安装剩余的连接副必须妥善保管，不得乱扔。

（三）防治措施

（1）工地应有严格的管理制度，严格执行规程的各项规定，用多少领多少，不能图方便而将整箱放置于作业面上。

（2）对工人进行技术交底时，应强调高强度螺栓连接副的特点，它不同于一般螺栓，有紧固扭矩要求，只有保持高强度螺栓连接副的出厂状态，即螺栓、螺母均干净、无脏物沾染，且有一定的润滑状态。否则将会增大扭矩系数，紧固后螺栓的轴力达不到设计值，直接导致降低连接节点强度。

（3）执行正确的安装方法，螺母带垫圈的一面朝向垫圈带倒角的一面。垫圈的加工成型工艺使垫圈支承面带有微小的弧度，从制造工艺上保证和提高扭矩系数的稳定与均匀，因此安装时切不可装反。

五、高强度螺栓连接节点安装质量缺陷

（一）现象

终拧时垫圈跟着转；终拧后连接节点螺栓外露丝扣过多。

（二）原因分析

（1）将高强度螺栓作安装螺栓用，螺栓的部分螺纹损伤、滑牙，导致终拧时垫圈跟着转，拧不紧。

（2）螺栓订货长度计算不当，或计算后为了减少规格、品种而进行合并，使部分螺栓选用过长。

（三）防治措施

（1）螺栓长度应按 JGJ 82—2011《钢结构高强度螺栓连接技术规程》的要求计算，不能因图方便而随意加长。标准规定，对各类螺栓直径，相应的螺纹长度是一定值，由螺母的公称厚度、垫圈厚度以及螺栓制造长度公差等因素组成。同一直径规格的螺栓长度变化只是螺栓光杆部分，螺纹部分是固定的，因此，过长的螺栓紧固时，有一部分螺栓看似拧紧（扳手转不动），实际是拧至无螺纹的部分。

（2）JGJ 82—2011《钢结构高强度螺栓连接技术规程》规定，高强度螺栓连接安装时，每个节点应使用临时螺栓和冲钉。冲钉便于对齐节点板的孔位，但在施工安装时，往往为图方便和省事，不用冲钉和临时螺栓，直接用高强度螺栓取代，导致高强度螺栓的螺纹碰坏，加大了扭矩系数，甚至拧不紧，造成达到了扭矩值，但螺栓实际并未拧紧。

（3）高强度螺栓穿入节点后，应该按照规程要求及时紧固。如果随手一拧，过一段时间后再终拧，由于垫圈和螺母支承面间无润滑，或已生锈，终拧时扭矩系数加大，按原扭矩终拧后螺栓轴力达不到设计要求。

六、高强度螺栓摩擦面的抗滑移系数不符合设计要求

（一）现象

高强度螺栓摩擦面的抗滑移系数检验的平均值等于或略大于设计规定值。

（二）原因分析

对规程及验收规范理解有误，抗滑移系数检验的最小值必须大于或等于设计规定值，而不是平均值。

（三）防治措施

根据 JGJ 82—2011《钢结构高强度螺栓连接技术规程》的规定，抗滑移系数检验的最小值必须大于或等于设计规定值，当不符合上述规定时，构件摩擦面应重新处理。

抗滑移系数试件是模拟试件，GB 50205—2001《钢结构工程施工质量验收规程》附录 B 中规定，试件与所代表的钢结构构件为同一材质、同批制作、采用同一摩擦面处理工艺和具有相同的表面状态。实际上是检验工厂采用的摩擦面处理工艺，粗糙度可能达不到设计要

求。所以,必须是最小值达到设计要求。如果是平均值达到设计要求,即意味着有一部分节点抗滑移系数小于设计要求,节点抗剪能力小于设计值。

七、摩擦面外观质量不合格

(一)现象

构件安装时,摩擦面上有泥土、浮锈、胶黏物等杂物,外观质量不合格。

(二)原因分析

(1)构件堆放不规范,直接贴地堆放,泥土、积雪、雨水、脏物污染连接节点,安装前不做任何处理,直接安装。

(2)摩擦面上无任何防护措施,构件制作完成到工地间隔时间较长,摩擦面上浮锈严重。

(3)工厂对摩擦面采取的防护措施是用膜保护摩擦面,但是保护膜选择不当,工地安装前揭膜后,摩擦面上沾染过多的胶黏物。

(4)摩擦面孔边有毛刺、焊接飞溅物、焊疤等,或误涂油漆。

(三)防治措施

(1)对沾有泥土、雨水、积雪、油漆等污物的摩擦面进行清理、干燥,使摩擦面的粗糙度达到要求。

(2)在构件安装前,高强度螺栓连接节点摩擦面应进行清理,保持摩擦面的干燥、整洁,孔边不允许有飞边、毛刺、铁屑、油污和浮锈等,并用钢丝刷沿受力方向除去浮锈。

(3)在构件安装前,应对摩擦面孔边的毛刺、焊接飞溅物、焊疤、氧化铁皮等使用扁铲铲除。

第六节 钢结构防腐及质量控制

一、构件涂层表面返锈、脱落

(一)现象

构件涂层表面逐步出现锈迹,局部涂层脱落。

(二)原因分析

(1)除锈不彻底,未达到设计和涂料产品标准的除锈等级要求。

(2)涂装前构件表面存在残余的氧化皮及毛孔,还有残余的且分布均匀的毛孔锈蚀。
(3)除锈后未及时涂装,钢材表面受潮返黄。
(4)表面污染未及时清除。

(三)防治措施

(1)涂装前应严格按涂料产品除锈标准、设计要求及国家标准规定进行除锈。
(2)对残留的氧化皮应返工,重新做表面处理。
(3)严格控制除锈时的环境湿度条件。
(4)除锈后应及时清除污染物。

二、构件表面误涂、漏涂

(一)现象

构件表面不该涂装的面涂上涂料,构件表面(涂层之间)没有全覆盖或未涂。

(二)原因分析

(1)不了解构件表面涂装的要求。
(2)施工时不需涂装的表面的覆盖材料破损或散落。
(3)操作不当,误涂或漏涂涂料。

(三)防治措施

(1)加强操作责任心。
(2)涂装开始前,对不要涂装和涂装有特殊要求的面进行隐蔽覆盖或妥善处理。
(3)涂装时发现隐蔽覆盖材料破损或散落,应及时修整处理。
(4)对漏涂的应进行补涂涂料。

三、涂装厚度不达标

(一)现象

(1)构件表面涂装的遍数少于设计要求。
(2)涂层厚度未达到设计要求。

(二)原因分析

(1)未了解该构件涂装的设计要求,错选用了不同型号的涂料。
(2)操作技能欠佳或涂装位置欠佳,引起涂层厚度不均。

(3)涂层厚度的检验方法不正确,或干漆膜测厚仪未校核计量,读数有误。

(三)防治措施

(1)正确掌握构件被涂装的设计要求,选用合适类型的涂料,并根据施工现场环境条件加入适量的稀释剂。

(2)被涂装构件的涂装面应尽可能平卧,保持水平。

(3)正确掌握涂装操作技能,对易产生涂层厚度不足的边缘处先做涂装处理。

(4)涂装厚度检测应在漆膜实干后进行,检验方法按规范规定检查。

(5)应对超过膜厚度允许偏差的涂层补涂修整。

第七节　钢结构防火技术及质量控制

一、防火涂料基层处理不当

(一)现象

(1)防火涂料涂装基层存在油污、灰尘、泥沙等污垢。

(2)防火涂料涂装前钢材表面除锈和防锈底漆施工不符合要求。

(3)防火涂料涂装时环境温度和相对湿度不符合产品说明书要求。

(二)原因分析

(1)对涂装基层存在污垢、表面除锈和除锈底漆处理不佳等,会引起防火涂料涂后产生空鼓、粉化松散、浮浆和返锈等缺陷。

(2)温度过低或湿度过大,易出现结露,影响防火涂层干燥成膜。

(3)温度过高,易产生防火涂料涂层表面裂纹,增大表面裂纹宽度。

(4)防火涂料涂层未干前遭雨淋、水冲等,将使涂层发白或脱落。

(5)机械撞击将直接损伤涂层,甚至脱落。

(三)防治措施

(1)清洗涂装基层存在的油污、灰尘、泥沙等污垢后方能进行防火涂料的涂装。

(2)防火涂料涂装前,应对钢材表面除锈及防锈底漆涂装质量进行隐蔽工程验收,办理隐蔽工程交接手续。

(3)应按防火涂料产品说明书的要求,在施工中控制环境温度和相对湿度,构件表面有结露时不应施工。

(4)注意天气影响,露天作业要有防雨淋措施。

(5)避免其他构件在吊运中撞击已涂装的防火涂料。

二、防火涂料厚度不够

(一)现象

防火涂料涂层厚度未达到耐火极限的设计要求。

(二)原因分析

(1)没有认识到防火保护层的厚度是钢结构防火保护设计和施工时的重要参数,直接影响钢结构的防火性能。

(2)测量方法和抽查数量不正确。

(3)对防火涂层厚度的施工允许偏差不了解。

(三)防治措施

(1)加强中间质量控制,加强自检和抽检。

(2)按同类构件数抽查10%,且均不应少于3件。

(3)对防火、涂料涂层厚度不够的区域应在涂层表面清洁处理后补涂,达到验收合格标准。

三、防火涂层表面裂纹

(一)现象

防火涂料涂层干燥后表面出现裂纹。

(二)原因分析

(1)涂层过厚,表面已经干燥固结,内部却还在继续固化。

(2)厚涂层未干燥到可以涂装后道涂层时,就涂装新的一层防火涂料。

(3)防火涂料施工环境温度过高,引起表面迅速固化而开裂。

(三)防治措施

(1)应按防火涂料产品说明书的要求配套混合,按施工工艺规定厚度多道涂装。

(2)在厚涂层上覆盖新涂层,且应在厚涂层最小涂装间隔时间后进行。

(3)在夏天高温下,涂装施工应避免暴晒,并注意保养。

(4)对表面局部裂纹宽度大于验收规范要求的涂层应进行返修。

(5)处理涂层裂纹方法可用风动工具或手工工具将裂纹与周边区域涂层铲除,再分层多遍进行修补涂装。

四、涂层外观缺陷

(一)现象

(1)涂层干燥后出现脱层或轻敲时发现空鼓。

(2)涂层表面出现明显凹陷。

(3)涂层外观或用手掰,出现粉化松散和浮浆。

(4)涂层表面外观不平整。

(二)原因分析

(1)一次涂层涂装太厚,由于内外干燥快慢不同,易产生开裂、空鼓与脱落(脱层)。

(2)涂层在底层(或基层)存在油污、灰尘、泥沙等污垢或结露等情况下进行涂装,或按产品要求挂钢丝网,涂刷界面剂,引起涂层空鼓与脱落(脱层)。

(3)高温烈日下施工,未注意基层处理和涂层养护,引起涂层空鼓与脱落(涂层)。

(4)在高温或寒冷环境条件下未采取措施就进行涂装施工,使涂料施工时就粉化或冻结;施工后涂层干燥固化不好,存在黏结不牢、粉化松散和浮浆等缺陷。

(5)施工不规范,未做找平罩面,出现乳突也未做铲除处理。

(三)防治措施

(1)防火涂料涂刷前应清除油污、灰尘和泥沙等污垢。

(2)应按防火涂料施工技术要求,做好挂钢丝网、涂刷界面剂等增加附着力措施。

(3)防火涂料的施工环境温度宜在 5 ~ 38 ℃,相对湿度不应大于 85%,构件表面不应有结露。

(4)钢构件表面连接处的缝隙应用防火涂料或其他防火涂料填补堵平后,方可进行大面积涂装。

(5)防火涂料的底涂层宜采用喷枪喷涂。

(6)薄型防火涂料喷涂时,每遍厚度不宜超过 2.5 mm,应在前涂层干燥后,再喷涂后一遍涂层,喷涂应确保涂层完全闭合,涂层应平整、颜色均匀。

(7)厚型防火涂料在喷涂或抹涂时,每遍厚度为 5 ~ 8 mm,施工层间间隔时间应符合产品说明书的要求。涂层应平整,无明显凹陷。

第八节　预应力钢结构拉索施工及质量控制

一、拉索长度偏差大

（一）现象

拉索下料成品长度误差超过规范或者设计要求。

（二）原因分析

（1）钢结构厂家没有按照应力下料，给索厂提供的加工索长没有考虑张拉和结构变形对索长的影响。

（2）索厂没有按照拉索生产工艺进行生产。

（三）防治措施

在设计方没有给定拉索长度误差标准具体要求的情况下，一般参照 GB/T 18365—2001《斜拉桥热挤聚乙烯高强钢丝拉索技术条件》的规定，当索长小于 100 m 时，拉索长度误差小于等于 20 mm；当索长大于 100 m 时，长度误差小于或等于 1/5 000 索长。因此是比较精确的，需要两方面控制。

（1）钢结构厂家对拉索进行下料时，不能按照钢结构下料习惯。拉索下料时除应在 H 维模型中直接测量出拉索长度作为下料长度外，还要考虑拉索后续张拉能引起拉索伸长和钢结构变形。这两方面对拉索长度影响很大，因此拉索的下料单中，既要有拉索长度，也要有应力状态下的索长。

（2）按照钢结构厂家提供的应力下料图纸下料，在拉索的长度控制方面要考虑温度影响以及两端锚具浇铸体回缩对索长的影响，采用标定过的测量设备进行测量。同时，下料前需对钢索进行预张拉，以消除索的非弹性变形，保证在使用时的弹性工作。预张拉在工厂内进行，一般选取钢丝极限强度的 45% ~60% 为预张力，持荷时间为 0. 5 ~2. 0 h。

二、钢结构安装误差造成拉索不能安装

（一）现象

钢结构安装误差过大，造成不带调节端拉索不能安装上，或者安装完成后拉索松弛，带

调下端拉索调节端调节长度不够。

（二）原因分析

钢结构安装时对结构安装尺寸控制较差；预应力钢结构在拉索张扣时会使钢结构产生变形，在钢结构安装时没有考虑。

（三）防治措施

（1）要充分认识预应力钢结构与常规钢结构的不同，需要严格控制安装尺寸，确保满足拉索的安装要求。

（2）有些钢结构在拉索张拉前和张拉后变形很大，需要在钢结构安装时进行考虑，调整钢结构的安装尺寸。

（3）如果工期安排得当，可以在钢结构安装完成后进行钢结构实际安装尺寸测量，根据测量结果进行拉索索长的下料。

三、拉索锚具生锈

（一）现象

拉索锚具镀锌层脱落，拉索锚具在安装前或安装后生锈。

（二）原因分析

拉索存储方法不当，受雨雪水浸泡；拉索安装时造成镀锌层脱落。

（三）防治措施

（1）拉索及配件在铺放使用前，应妥善保存放在干燥平整的地方，下面要有垫木，上面采取防雨措施，以避免材料锈蚀。

（2）拉索安装时，要尽量避免尖锐工具直接接触拉索锚具，拉索锚具往钢结构上安装时，要尽量按照轴线方向安装锚具，避免锚具与钢结构间过度挤压，造成镀锌层脱落。

四、拉索安装张拉完成后不顺直

（一）现象

拉索在张拉完成后出现竖向和水平弯曲。

（二）原因分析

（1）拉索设计时，选用规格过大或者拉索锚固点间距离过大，造成张拉应力很小，不能使长拉索顺直。

(2)拉索出厂和运输时造成索体局部弯折过大。

(3)拉索放索及安装时索体局部受横向力过大,造成拉索索体局部弯曲。

(三)防治措施

(1)在设计时拉索张拉完成后最小应力一般要大于 50 MPa,否则容易造成张拉完成后拉索不直;对于长度较大且水平放置的拉索在设计张拉力下的挠度,如果过大,应采取一定的措施加以消除。

(2)拉索在索厂盘卷成盘时要注意均匀盘卷,避免拉索局部横向受力,同时盘卷直径不宜过小,一般取大于索体外径的 20 倍,盘卷直径过小容易造成防护膜破损,或者拉索局部弯曲过大。拉索盘卷成盘要进行充分的捆绑固定,防止运输吊装过程中拉索散开造成不均匀变形。拉索在运输过程中要将索盘平放,防止受力不均引起索体局部变形。

(3)拉索到现场安装时要使用放索盘进行放索,放索时随着拉索展开转动放索盘;将拉索均匀放开,如果不使用放索盘放索会造成拉索扭转,在牵引或者安装后极易造成拉索不顺直,或者形成不可恢复的索体弯折。拉索在吊装过程中注意拉索吊点之间的距离不宜过大,根据拉索的规格合理布置吊点位置,必要时加装辅助“铁扁担”。

五、索体防护层破损

(一)现象

拉索表面的 PE(聚乙烯)防护层破损或者非 PE 层防护而采用高钒镀层防护的高钒拉索表面高钒镀层被磨损掉。

(二)原因分析

拉索在运输、吊装、安装过程中有坚硬物体接触防护层,造成防护层损伤。

(三)防治措施

(1)运输过程中拉索要采用柔软的绳索固定。

(2)到现场后拉索卸车时,必须采用柔软的吊装带进行拉索卸货,严禁采用钢丝绳作为拉索卸货的吊具。

(3)放索时,应在索下方垫滚轴以避免 PE 和尖锐物体发生剐蹭。

(4)安装过程中注意防止拉索与钢结构或支撑胎架尖锐部位发生碰撞。

(5)PE 拉索如果轻微破损,可以联系厂家提供与拉索同样颜色的 PE,用热风枪熔化后进行修补;对于轻微的拉索高钒镀层损伤,可以采用锌铝漆修补;对于损伤严重的 PE 和高钒镀层,需要联系厂家进行修补。

六、索体锚具与 PE 索体间热缩管破损

（一）现象

拉索金属锚具与 PE 索体间用于防腐防护的热缩管破损。

（二）原因分析

由于热缩管是柔性拉索与刚性锚具间的连接部分，安装和张拉时都容易碰到这个部位；同时，热缩管比较薄，比较容易破损。

（三）防治措施

安装和张拉时一定要注意保护该部位，可以采用软毛毡保护该部位。如果意外造成损伤，可以购买对应型号的热缩管，沿径向剖开，包裹到原部位后，用胶将热缩管黏结到一起后，再用热风枪将热缩管固定到防护部位。

七、撑杆偏移

（一）现象

拉索的撑杆在张拉完成后竖向垂直度误差超过设计要求。

（二）原因分析

结构安装偏差和撑杆下端索夹安装位置偏差造成撑杆偏移；张拉时如果两边不对称，也会造成撑杆偏移。

（三）防治措施

（1）拉索在工厂制作时一定要严格按照设计要求，在拉索上做好撑杆安装的标记点。

（2）到达现场安装前，要先测量钢结构的安装尺寸。如果偏差较大，应调整拉索与撑杆下节点索夹的安装标记位置。

（3）拉索安装时严格按照标记位置进行安装。

（4）张拉时除控制索力外，还应控制两端锚具处螺纹的拧紧长度要对称，防止两端拧紧的长度差值过大，造成撑杆发生偏斜。

八、固定索夹节点滑移

（一）现象

撑杆下端的固定索夹节点在张拉过程中和张拉完成后，在安装屋面时及以后运营过程

中发生滑移。

(二)原因分析

设计时没有考虑到撑杆两端拉索不平衡力过大,设计的螺栓拧紧力不够;张拉前和张拉后螺栓没有拧紧。

(三)防治措施

(1)设计时要考虑固定索夹节点两端拉索的不平衡力有多大,根据拉索与索夹节点间的滑移系数,设计选用螺栓和拧紧力。

(2)张拉前要拧紧拉索索夹节点,由于拉索在张拉过程中直径要变细,因此在张拉完成后要再次拧紧螺栓。

(3)如果后续结构恒载较大,在屋面、吊挂等恒载安装完成后,需要再一次拧紧螺栓。

九、钢拉杆螺纹锚固长度不够

(一)现象

钢拉杆杆体与锚具或调节套筒间的螺纹锚固长度没有满足受力要求。

(二)原因分析

由于钢拉杆杆体螺纹较短,且一个钢拉杆有多个连接部位,在安装和张拉时需要反复旋转调节螺纹长度,因此容易造成个别螺纹锚固长度不够。

(三)防治措施

(1)钢拉杆安装时首先要在杆体螺纹上用记号笔标记出拉杆的最小锚固长度位置,安装张拉完成后进行检查。如果标记没有露出,就表示能保证最小锚固长度。

(2)在安装前,拉杆两端的螺纹露出长度一定要调整到相同,以确保不会出现为了调整拉杆长度,而造成个别螺纹锚固长度不够。

十、张拉完成后结构变形与索力偏差大

(一)现象

张拉完成后结构变形与索力及仿真计算值偏差超过要求。

(二)原因分析

(1)支座摩擦与设计不相符,在相同张拉力下,摩擦力过大则结构变形偏小。

(2)结构屋面荷载与设计不相符,荷载大则变形小,荷载小则变形大。

(3)檩条及桁架与主梁的连接是固结还是铰接,对索力和变形也会产生影响。

(三)防治措施

张拉前要仔细检查结构受力状态是否与仿真计算相符。检查的主要内容包括以下几个方面:

(1)支座是否与设计相符,支座上的临时固定装置是否都已经拆除。

(2)屋面荷载包括檩条、檩托等安装情况是否与计算相符。

(3)相邻主梁间的檩托或者次梁与主梁的连接方式是刚接还是铰接。

(4)支撑胎架是否有限制结构变形的措施。

(5)张拉次序是否与原计算相符。

如果上述结构受力情况与仿真计算不符,需要重新调整仿真计算,确定张拉力和变形结果。

十一、张拉完成后支座破坏

(一)现象

张拉完成后结构支座开裂或者变形。

(二)原因分析

张拉时支座的状态与设计不相符,或者张拉时支座为固定支座,张拉力大部分传递到支座上,造成支座变形或者开裂。

(三)防治措施

(1)在张拉前要仔细检查支座状态,张拉前应把固定支座的临时措施全部拆除。

(2)检查支座安装后,滑动方向是否与设计一致。

(3)张拉前一般支座被设计成可滑动状态,如果设计最终为固定支座,施工时应通过支座构造设计确保在张拉时支座可滑移,在屋面全部荷载施加完成后,最终使支座变成固定铰接支座。

第六章 建筑机电安装工程质量控制

第一节 设备安装工程施工技术及质量控制

设备安装工程是一个系统的工程,从基础施工、设备就位、安装、调试到设备运行,每一个环节都是紧密相关的,工程的安装质量关系到设备能否正常运行和设备的使用寿命。设备安装工程的质量是依靠安装施工人员在每一道工序中认真施工,依据设计图纸和规范标准来进行相应工序的安装来完成的。

由于施工环境、施工人员、操作工艺、设备材料、工期等因素的影响,在施工过程中会产生一些质量问题。本章针对设备安装工程中常见的一些质量通病进行了原因分析,提出了预防措施和治理方法,希望在施工中避免出现类似的质量问题,以确保工程的质量达到设计和规范的要求。

施工中除设计或专业设备要求执行的行业专业标准外,一般设备安装工程应执行现行国家标准 GB 50231—2009《机械设备安装工程施工及验收通用规范》的有关规定。

一、设备基础施工

(一)设备基础中心线偏差大

(1)现象:设备基础中心线超过允许误差。

(2)原因分析:在基础放线时,基准坐标找错;或施工中尺寸误差过大。

(3)预防措施:在基础放线时要严格按施工图平面位置施工,对基准坐标要反复核对,发现误差立即纠正。机械设备安装前,要对其基础、地坪和相关建筑结构进行全面检查,应符合规范和工艺要求。

(4)治理方法:对基础中心偏移较小的,在不影响基础质量的前提下,可采取适当扩大预留的方法加以解决。对于误差较大的要重新制作。

(二)设备基础标高不准

(1)现象:机械设备混凝土基础标高过高或过低,给机械设备安装带来一定的影响。

(2)原因分析:设计施工图纸与设备尺寸不一致;施工时混凝土基础尺寸误差过大;施工作业不细心。

(3)预防措施:认真核对设计图纸与设备的尺寸,发现图纸尺寸与设备尺寸不符时,要及时与设计人员沟通,按照设备实际尺寸进行调整。施工时要认真核对模板尺寸,避免模板支撑完成后出现误差,造成拆模后与设计尺寸有较大的误差,影响设备基础的标高。

(4)治理方法:①当混凝土基础过高时,要铲掉超高的部分(不影响整体性能时,可采用此方法),铲除后要对表面进行找平处理。如超高过多,应与设计人员或有关部门协商,或拆除整个基础,重新进行混凝土基础施工;或制订合理的铲除方案,按照方案进行施工。②混凝土基础过低时,需要加高基础,先要对原基础表面进行处理,保证设备基础的整体性;也可使用金属型钢进行加高,但要确保金属型钢与混凝土基础固定牢固。

(三)坐浆施工不规范

(1)现象:坐浆工艺不规范,捣浆方法不正确。

(2)原因分析:没有按照工艺要求施工。

(3)防治措施:要严格执行规范规定,坐浆坑的长度、宽度应比垫铁大 60 ~ 80 mm,深度不小于 30 mm,浆墩的厚度不小于 50 mm。坐浆坑用空气或用水吹洗净,不得有油污或杂物,清水浸润坑约 30 min,坐浆前先刷一薄层水泥浆,捣浆时要分层,每层厚度宜为 40 ~ 50 mm,连续捣至浆浮于表层,混凝土表面形状应呈中间高四周低的弧状,混凝土表面应低于垫铁面 2 ~ 5 mm。

(四)中心标板及基准点埋设不规范

(1)现象:中心标板及基准点埋设不规范,永久基准点未加设保护装置。

(2)原因分析:没有按照工艺要求施工,永久基准点没有加设保护措施。

(3)防治措施:中心标板及基准点可采用铜材、不锈钢材,在采用普通钢材时应有防腐措施,要按图纸设计的位置安放牢固并予以保护,可采用防护罩、围栏、醒目的标记等。

(五)设备坐浆顶面垫板低于坐浆墩

(1)现象:坐浆完成后,顶面垫板低于坐浆墩。

(2)原因分析:坐浆料配合比不标准,没有按照规范标准施工。

(3)预防措施:坐浆料要经过选择,并要严格配合比计量。使用合格的计量器具,并严格执行规范,材料的配合比及称量应准确,用水量应根据施工季节和砂石含水率调整控制,按照工艺标准施工。

(4)治理方法:发现垫板低于坐浆墩时,要修整或铲掉重做。

(六)二次灌浆层脆裂与设备底座分离

(1)现象:二次灌浆层混凝土表面裂纹,产生麻面、泛砂,与机械设备底座、垫铁剥离。

(2)原因分析:现场未配备或未使用计量工具,混凝土配合比误差过大;混凝土搅拌不均匀,拌和时间过短,未设内外模板,混凝土填捣不密实。

(3)防治措施:施工现场应配备检验合格的计量器具,二次灌浆用的混凝土的强度等级应比基础混凝土高一级。使用合格的水泥、砂子应过筛,石子应洗净,拌和应均匀充分。灌浆前,灌浆处应清洗洁净。灌浆时,应捣固密实,但要注意不得使地脚螺栓歪斜而影响设备的安装精度。灌浆层的厚度不应小于 25 mm,只起固定垫铁作用或防止油水进入等采用压浆法垫铁施工。

二、地脚螺栓施工

(一)地脚螺栓长短不一

(1)现象:地脚螺栓伸出设备底孔的螺纹长短不一。

(2)原因分析:地脚螺栓长度尺寸不标准,基础螺栓预留孔深度不符合要求,地脚螺栓在预留孔内安装高度不正确。

(3)防治措施:①安装前要检查设备地脚螺栓是否符合设计要求,如有问题应及时更换。②地脚螺栓在预留孔内的置放高度要适宜,螺栓头不要贴靠孔的底面,上部丝扣和伸出设备螺栓孔的长度须符合规范要求,一般地脚螺栓上紧螺母后丝扣外露长度为 1.5 ~5 倍螺距。③对于基础混凝土一起浇灌的螺栓,丝扣外露过长可锅掉一部分长度,再套丝;如过短偏差较小时,可将螺栓用气焊烤红后稍稍拉长,拉长部分用冬钢板沿螺杆周边加固;如偏差过大,用拉长办法不能解决时,可将地脚螺栓周围的混凝土挖到一定深度,将地脚螺栓割断,另外焊上一个新加工的螺杆,用钢板、圆钢加固,长度应为螺栓直径的 4 ~5 倍。

(二)地脚螺栓螺纹受损及粘上污垢

(1)现象:地脚螺栓螺纹段螺线破断或粘上水泥、灰浆等污垢。

(2)原因分析:施工中安装专业与土建配合不当;机械设备上位过早且未采取相应的防护措施。

(3)防治措施:加强安装专业与土建施工的配合,合理安排施工程序。机械设备二次灌浆时,地脚螺栓上部螺纹段可用厚纸包紧或用塑料套管等方法保护螺纹,避免损坏螺纹或粘上灰浆。

(三)地脚螺栓螺母未上紧

(1)现象:地脚螺栓螺母拧紧力不够,达不到设备稳定性的要求。

(2)原因分析:施工作业不认真,手工操作时螺母拧紧力掌握不准确,达不到紧固要求。

(3)防治措施:螺母紧固要认真操作,按照紧固顺序进行。紧固时要使用力矩扳手按照地脚螺栓的直径大小施加相应的扭力矩。

(四)地脚螺栓倾斜

(1)现象:地脚螺栓埋设时形成倾斜,与设备基础面不垂直。

(2)原因分析:地脚螺栓固定时不垂直;二次灌浆时地脚螺栓未放正和固定好;浇筑混凝土时碰歪。

(3)预防措施:安装地脚螺栓时应保证螺栓垂直,必要时要加以固定,二次灌浆时要有专人看护,防止浇筑混凝土时将地脚螺栓碰歪,混凝土养护期间要认真检查和巡视。

(4)治理方法:对于一般设备地脚螺栓歪斜不严重时,可采用斜垫圈补偿调整。歪斜严重的要铲除重新制作。

(五)紧固地脚螺栓程序不当

(1)现象:地脚螺栓紧固螺母时不按拧紧顺序进行作业。

(2)原因分析:施工作业时没有严格按照拧紧螺母的顺序进行操作。

(3)防治措施:要对施工人员进行业务培训,使他们掌握各种形状设备的螺母紧固顺序,紧固中应使用标准长度的扳手拧紧螺母,最好使用力矩扳手,按照螺母紧固顺序紧固。拧紧地脚螺栓时,应使每个地脚螺栓均匀受力。对于多组地脚螺栓固定的大设备底座,应从设备由里向外分 3 ~4 次均匀、对称顺序拧紧。

三、垫铁配置

(一)设备垫板外露尺寸不一致

(1)现象:设备垫板外露长短不一致或有被锤击打的痕迹。

(2)原因分析:垫板安装时没按规定尺寸露出设备底座,或设备的尺寸和实际的有误差,造成外露尺寸不一致。垫板安装调整时用锤子击打,在表面留有击打痕迹。

(3)预防措施:首先要确定设备的尺寸和设备基础。安装时要仔细核对垫铁的尺寸和固定位置,调整时要采取防护措施,不能用锤子直接击打垫板,防止锤击变形或留有痕迹。

(4)治理方法:垫板不合格的要进行修理和调整,尺寸不合适的要更换。

(二)垫铁尺寸不标准

(1)现象:形状不标准,有的过长,有的过短。

(2)原因分析:没有按照施工规范和验收标准制作加工垫铁。

(3)预防措施:按照施工规范和验收标准施工。垫铁过长不仅浪费材料,而且露出底座过长也不美观;垫铁过短不便于调整。垫铁的尺寸要能达到承受设备负荷的要求。安放垫铁时,要求一般平垫铁露出底座 10 ~30 mm,斜垫铁露出底座 10 ~50 mm。垫铁组伸入设备底座底面的长度应超过设备地脚螺栓的中心。

(4)治理方法:将不合格的垫铁拆除,用加工标准的、合格的垫铁重新按照规范要求安装。

(三)垫铁数量过多

(1)现象:垫铁数量过多,设备运转时振动慢慢增大,轴承温度升高。

(2)原因分析:设备垫铁过多,垫铁没有点焊成整体,造成设备运转时振动,使垫铁产生滑移而造成振动增大,轴承温度升高,电机电流增大。

(3)预防措施:设备安装固定时,垫铁每组不得超过 5 块,放置垫铁时最厚的放在下面,最薄的放在中间(垫铁的厚度不宜小于 2 mm),并在设备找平、找正后马上用电焊点牢(铸铁垫铁可不点焊),以防止滑移。

(4)治理方法:将垫铁拆除,按照规范规定重新安装垫铁,固定牢固后再进行设备安装。

(四)垫铁处基础破损

(1)现象:设备基础在使用中垫铁处的混凝土出现裂纹。

(2)原因分析:设备使用的垫铁的面积小于计算面积,安放位置不合理,因而,垫铁处混凝土基础承受的载荷超过了它的抗压强度,以致基础被破坏。

(3)防治措施:①设备垫铁的安装要根据现场实际情况确定,垫铁安放方式一般有两种:一是垫铁安放方式,采用这种垫铁安放方式时,基础表面与设备底座之间的距离为 50 mm 左右,最低不得低于 30 mm,最高不得高于 100 mm;二是砂墩垫铁安放方式,采用这种垫铁安放方式时,基础表面与设备底座之间的距离为 100 ~ 150 mm。一般尽量采用砂墩垫铁,以保证设备安装质量。②在设备基础的检测验收中,要注意基础表面的标高与工艺设计标高的偏差情况,然后根据实际标高来计算垫铁的总厚度及各个垫铁的厚度组合,以达到每组垫铁数量不超过 5 块的规范要求。③垫铁的尺寸,要能达到承受设备负荷的要求,在安放垫铁时,要计算垫铁的面积,如果所安装垫铁厚度不足,就要多加几组辅助垫铁;另外,成对的斜垫铁安放时,一定要保证斜垫铁与设备底座之间的接触面积。④垫铁安放方法、垫铁组的安放要求应符合 GB 50231—2009《机械设备安装工程施工及验收通用规范》的规定。

(五)大型、精密设备垫铁承接不合理

(1)现象:大型、精密设备的垫铁面积和摆放位置没经过严格计算。

(2)原因分析:施工马虎,不能严格按照施工工艺和规范规定施工。

(3)防治措施:对于大型、精密的机械设备一定要按照设备要求合理摆放垫铁,垫铁面积要满足设备负荷和受力的要求,施工时认真按照工艺和规范要求进行。

(六)设备拆卸、清洗后与原来精度相差过大

(1)现象:设备机件拆卸清洗装配后精度降低,不能恢复到原来的精度。

(2)原因分析:对被拆卸零部件的结构和装配要求不熟悉;拆卸装配方法不对,造成零部

件损伤或丢换件;拆卸的零件安装不正确,造成零件的划伤和变形;对被拆下零件未经检查清洗就进行装配;对设备清洗检查的重要性认识不足,或不具备清洗基础知识;对不准拆卸的设备进行拆卸。

(3)防治措施:①进行拆卸、清洗的工作地点必须清洁,禁止在灰尘多的地点或露天进行,如必须在露天进行时,应采取防尘措施。②拆卸前必须对机器部件的结构、用途、构造、工作原理及有关技术要求等了解清楚,熟悉并掌握机械装配工作中各项技术规范,在拆卸修理再装配时才能准确无误。③通常拆卸与装配顺序相反,拆卸时使用的工具,必须保证对合格零件不会造成损伤,在零件装配前必须彻底清洗一次,任何脏物或灰尘均会引起严重磨损。④拆卸时,零件回松的方向、厚薄端、大小头必须辨别清楚,拆下的部件和零件必须有次序、有规则地安放,避免杂乱和堆积,对精密部件和零件更应小心安放。⑤零部件在装配前应检查其在搬运和堆放时有无变形、碰伤。零件表面不应有缺陷,装配时严格按技术规范要求进行。⑥对可以不拆卸或拆卸后可能降低连接质量的零部件,应尽量不拆卸,对有些设备或零部件标明有不准拆卸的标记时,则严禁拆卸。⑦需加热后拆卸的机件,其加热温度应按设计或设备说明书的规定执行。⑧清洗机件一般均用煤油,但精密机件或滚动轴承,用煤油清洗后必须再用汽油清洗一次。⑨所有油孔油路内的泥沙或污油等杂物,清除干净后用木塞堵住,不得使用棉纱布头代替木塞。⑩设备部件装配时,应先检查零部件与装配有关的外面形状和尺寸精度,确认符合要求后,方可进行装配。

四、联轴节装配

(一)联轴节的不同轴度超差

(1)现象:机械设备两传动轴的不同轴度径向、轴度超过标准的要求。

(2)原因分析:测量工具不合格或精度等级不够;测量误差大;施工不认真。

(3)防治措施:施工安装时,应使用经过计量合格的器具进行测量;要严格按照施工及验收规范的要求进行测量和检验不同轴度。

(二)联轴节端面间隙值超差

(1)现象:两半联轴节端面间隙过大或过小,不符合标准。

(2)原因分析:整体设备出厂检验不严格;不按标准规定进行找正;施工不认真。

(3)防治措施:使用检验合格的测量工具,测量时要认真、仔细。按照规定要求调整轴承的间隙。安装时需要调整的一般都是径向止推滚锥式轴承。调整时,通过轴承外套进行,根据轴承部件的不同,主要有下面三种调整方法:垫片调整法、螺钉调整法、止推环调整法。

(三)轴发热

(1)现象:传动轴在运转中温度升高。

(2)原因分析:轴上的挡油毡垫或胶皮圈太紧,在传动中由于摩擦发热,轴承盖与轴的四周间隙大小不一，导致有磨轴的现象发生，使轴发热。

（3）防治措施：安装时检查挡油毡垫或胶皮圈的松紧度，轴承盖与轴的四周间隙要按照设备技术文件的要求调整。

五、轴承装配

（一）滑动轴承轴瓦的接触角不符合要求

（1）现象：轴瓦与轴颈间的接触角达不到标准要求。

（2）原因分析：不能严格按照操作要点进行刮瓦；施工马虎，工艺基本功差。

（3）防治措施：①加强责任心，提高工艺基本功的训练；②瓦与轴接触角大小要适宜，高速轻载轴承接触角可取60°，低速重载轴承接触角可取90°。

（二）轴瓦与轴颈接触点过少

（1）现象：轴瓦与轴颈间的接触点不符合施工及验收规范的规定。

（2）原因分析：刮瓦的程序和方法不妥当，操作不细致。

（3）防治措施：操作应该认真细致，刮瓦时按照工艺程序进行，轴颈在轴瓦内反正转一圈后，对呈现出的黑斑点用刮刀均匀刮去，每刮一次变换一次方向，使刮痕成60°～90°的交错角，同时在接触部分与非接触部分不应有明显的界线，当用手触摸轴瓦表面时，应该感到非常光滑。

（三）轴承间隙过大或过小

（1）现象：滚动轴承装配后间隙过大或过小。

（2）原因分析：测量工具或操作误差过大，对轴承间隙测量不仔细；当采用螺钉调整时，未拧紧锁紧螺母；用止推环调整时，止动片未固定牢固。

（3）防治措施：使用检验合格的测量工具，测量时要认真、仔细。按照规定要求调整轴承的间隙。安装时需要调整的一般都是径向止推滚锥式轴承。调整时，通过轴承外套进行，根据轴承部件的不同，主要有下面三种调整方法：垫片调整法、螺钉调整法、止推环调整法。

由于挡油毡垫或胶皮圈太紧造成轴发热，要调整挡油毡垫或胶皮圈的松紧度，将胶皮圈内的弹簧换松。由于轴承盖与轴的四周间隙造成的轴发热，要按照工艺标准重新调整间隙，使其达到要求，确保设备正常运行。

（四）轴承漏油

（1）现象：设备运转中轴承压盖处润滑油泄漏。

（2）原因分析：润滑系统供油过多，压力油管油压高，超过规定标准；轴承回油孔或回油管尺寸太小，油封数量不够或油封装配不良，油封槽与其他部位穿通从轴承盖不严密处漏出。

(3)预防措施:安装时检查轴承回油孔和回油管的尺寸是否符合装配要求,油封的数量要符合工艺要求,装配时应认真仔细。试车时检查和调整润滑系统的油压和供油量,使其达到正常工作状态。

(4)治理方法:调整润滑系统的供油量;油量要适宜;增大回油管的直径;油封数量不够的要增加油封,重新安装和调整;修理好油封槽,紧固轴承盖。

(五)轴承发热

(1)现象:在设备运转中轴承温度逐渐增高超过规定的温度。

(2)原因分析:轴弯曲,轴承压盖间隙未控制好;负荷过大;轴承内的润滑油过多或过少,甚至无油;润滑油不洁净,也会使轴承发热;轴承装配不良(位置不正、歪斜,以及无间隙等)。

(3)预防措施:首先要清洗好润滑系统,然后按照设计要求的牌号、用量的多少添加符合要求的润滑油,调整好轴弯曲、轴承压盖之间的间隙,控制设备的负荷,防止超负荷运转。

(4)治理方法:由于超负荷造成的轴承发热,要控制负荷使其在规定的范围内工作。润滑油不洁净造成的轴承发热,要更换符合要求的润滑油,并防止过多或过少。轴承装配不良造成的发热,要重新进行调整,达到设计和规范的要求。当设备受到非正常外力的作用,或受到意外损伤时,还应考虑主轴及箱体轴承孔的变形情况,主轴是否弯曲,前后轴承孔是否同轴,发现问题必须进行处理。

六、皮带和链传动

(一)传动轮在轴上装配不牢

(1)现象:传动轮在轴上未装配牢固,有松动,径向和轴向端面跳动量超标。

(2)原因分析:传动轮孔与轴的配合精度不符合要求,紧固件未起到稳固作用,轴孔与轴之间有相对运动。

(3)预防措施:传动轮安装到轴上,一般应采用2~3级精度的过渡配合,装配前必须加上润滑油,以免发生咬口现象。装配时,可采用锤击法或压入法,并用紧固键或紧固螺钉予以固定,检查传动轮装配是否正确,通常采用划针盘或百分表来检查轮的径向和端面的跳动量。

(4)治理方法:发生以上问题时要重新进行装配,装配时检查传动轮孔与轴的配合精度,装配后将紧固件固定牢固,并检查和测量轮的径向和端面的跳动量,符合规定要求后方可使用。

(二)两轮端面不平行

(1)现象:两轮中心线不在同一平面上(两轮平行时)。

(2)原因分析:纵横向中心位置未找准,或两轮厚度不一致。

(3)预防措施:传动轮装配后,必须检查和调整两个传动轮之间相互安装位置的正确性,首先应固定好从动轮，以它为基准找好纵横中心线和两轴平行度，如有偏移或倾斜时，应进行调整。偏移量的标准为：三角皮带轮（链轮）不应超过1 mm；平皮带轮不应超过1.5 mm。

（4）治理方法：发现两轮不平行时，要按照以上方法进行调整。

（三）传动带（链）受力不一致

（1）现象：三角带（链）张紧程度不一致。

（2）原因分析：装带（链）时，两传动轴不平行；或使用的带（链）规格不一，长度不同。

（3）预防措施：在安装带（链）过程中，应仔细调整好两传动轮的轮距和平行度，使用相同规格的带（链）。两轮的距离通过定期调节或采用自动压紧的张紧轮装置予以改善。三角带的拉紧程度，一般以大拇指能把带压下约15 mm为宜（两轮的中心距为500～600 mm）。链传动的拉紧程度可通过弛垂度值予以检验。如果链传动是水平的，或是稍微倾斜的（在45°以内），可取弛垂度等于2%L（L为两传动链轮的轴心距离）；倾斜度增大时，就要减少弛垂度[$f=(1\%\sim1.5\%)L$]；在垂直传动中减少等于0.2%L。

（4）治理方法：由于两传动轴不平行造成的张紧程度不一致，应重新调整传动轮的平行度和轮距，使其达到要求。由于带（链）规格不一致造成的，应更换同一规格、长度一致的带（链）。

（四）传动链产生跳动

（1）现象：齿轮运转中，链节与轮齿接触不顺，产生跳动。

（2）原因分析：齿轮的链齿数与链条的链节数不匹配，链节与齿轮不能循环接触。

（3）预防措施：链传动机构装配时，一般齿轮齿数采用奇数，而链条的链节都是偶数。如果齿轮的链齿数是偶数，则链条链节必须是奇数。这样在传动时，能使链节和轮齿循环接触良好，保持磨损均匀，传动平稳。

（4）治理方法：检查齿轮数，如果链条与齿轮数不符，要更换链条。更换原则：如果齿轮的链齿数是奇数，则链条的链节必须是偶数；如果齿轮的链齿数是偶数，则链条的链节必须是奇数。链条更换完成后，还要检查链条的拉紧程度，使其符合工艺要求。

（五）三角带单边工作

（1）现象：在传动过程中，三角带单边与皮带槽接触，磨损严重，降低三角带的使用寿命。

（2）原因分析：安装三角带轮时，两对轮槽未在一个平面内，造成三角带单边工作。

（3）预防措施：安装三角带时，三角带在轮槽中的位置应使胶带两侧面与轮槽内缘平齐或稍高一点，太高或太深时不能达到有效的传动效果。因此，在调节两轮的安装位置时，应使两轮的轮槽（各条带的轮槽）处在同一平面内。

（4）治理方法：发生三角带单边工作现象时，要首先检查两对轮槽是否在一个平面内，如果是由于两对轮槽不在一个平面内造成三角带单边工作，就要调整两轮的位置，使其保证在一个平面内。

七、齿轮传动

(一)圆柱齿轮轴孔松动

(1)现象:齿轮与齿轮轴配合不紧密。

(2)原因分析:齿轮内孔加工不正确。

(3)预防措施:安装时检查齿轮的轴孔,轴孔与轴的配合精度要符合装配要求。

(4)治理方法:应重新进行齿轮内孔加工,必要时,更换齿轮。

(二)齿轮偏摆

(1)现象:齿轮中心线与轴中心线不重合。

(2)原因分析:装配尺寸误差大。

(3)预防措施:齿轮传动系统要正确装配,并进行仔细检查和认真调整,特别要注意轴与齿轮间的定位键的对位和松紧适度,以保证齿轮中心线与轴中心线重合。

(4)治理方法:齿轮偏摆是由于装配原因造成的,要进行重新调整,如调整不过来的,就要更换有关部件。

(三)齿轮歪斜

(1)现象:齿轮在轴上产生歪斜。

(2)原因分析:装配时粗糙、马虎、不认真;零部件加工尺寸误差偏大。

(3)预防措施:装配时要认真按照工艺要求进行零部件的加工精度检查,发现加工尺寸误差大的要更换。

(4)治理方法:重新进行齿轮装配和调整,对齿轮轴孔加工过大造成的要进行更换。

(四)齿轮啮咬合不良

(1)现象:①齿轮装配时未贴靠到轴肩位置;②两齿轮啮合接触面积偏向齿顶,未正确地啮合接触部位;③两齿轮在装配时中心距过小,或是齿轮加工厚度偏大;④两齿轮中心线偏移;⑤两齿轮中心线发生扭斜,装配不当。

(2)原因分析:①传动轴轴头过长,齿轮加工时宽度不够,齿轮装配不正确;②两齿轮在装配时中心距过大,或是齿轮加工厚度不够;③两齿轮中心线发生扭斜,装配不当;④两齿轮中心线偏移所造成。

(3)预防措施:①齿轮在轴上的位置要严格按照标准要求进行装配,装配时检查齿轮的宽度,不符合要求的一定要更换;②齿轮装配时要测量两齿轮的中心距离,确保齿轮啮合接触位置正确。安装调整过程中,可调整两啮合齿轮轴的位置。测量齿轮的厚度,以保证齿轮啮合良好,接触面积、部位正确,确保两齿轮在装配后在同一轴线上,中心线不扭斜。

(4)治理方法:①检查齿轮及传动轴,对部件存在的问题(如肩圆角太大等)要修整,齿轮宽度不够的要更换，重新进行齿轮装配。②由于两齿轮中心距过大或过小造成的啮合不良，可采取调整两啮合齿轮轴位置，用刮研轴瓦的方法进行调整。齿轮加工厚度偏大或不够的，要对齿轮的齿形重新进行加工或更换齿轮。③中心线扭斜时，应对其中心位置进行调整，也可通过研瓦、修刮齿形等方法解决。

（五）圆锥齿轮啮合不良

（1）现象：①小齿轮接触面太高或太低，大齿轮接触面太低或太高；②小齿轮接触区高或低，大齿轮接触区低或高；③在同一齿的一侧接触区高，而在另一侧接触区低；④两齿轮的齿轮两侧同在小端或大端接触；⑤直齿锥齿轮及螺旋锥齿轮，大小齿轮在齿的一侧接触于大端，另一侧接触于小端；⑥小齿轮齿凹侧接触于小端，凸侧接触于大端（零度螺旋锥齿轮）；⑦小齿轮齿凹侧接触于大端，凸侧接触于小端。

（2）原因分析：①小齿轮轴向定位有误差，但误差方向与小齿轮接触面太高，大齿轮接触面太低的误差恰好相反；②小齿轮定位及间隙不正常，或齿加工不正确；两齿轮交角太小；③小齿轮凸侧略偏于小端或大端，凹侧略偏于大端或小端；而在大齿轮上凸侧略偏于大端或小端，凹侧略偏于小端或大端，这主要是由于小齿轮定向有误差；④两齿轮轴向定位不正确，或轴线产生位移，或轴线偏离太大。

（3）预防措施：①首先检查小齿轮的加工是否符合装配要求，符合要求后才可进行齿轮装配；②小齿轮装配时，要先调整好齿轮的位置，再进行轴向定位，检查齿轮的接触面，确保定位正确，间隙正常；③齿轮装配时要测量轴线，测量两齿轮的交角，确保轴线不发生偏离，符合装配要求；④齿轮装配前要测量和检查两齿轮加工的偏差和轴向定位。装配时要认真仔细，装配后测量两齿轮的定位和轴线，确保装配后轴向定位正确，没有偏移，符合装配要求。

（4）治理方法：①可将小齿轮沿轴向移出，使小齿轮重新定位。如间隙过大或过小，可将大齿轮沿轴向移进。②由于齿轮加工造成的啮合不良，要更换合格的小齿轮。由小齿轮装配造成的啮合不良，要重新进行装配，并调整好间隙，使小齿轮的装配定位及间隙正常。③仔细检查测量齿轮的加工偏差是否符合要求，偏差太大的要更换齿轮。④重新进行齿轮定位，调整轴线，可将小齿轮轴沿轴向移出。必要时，可用修刮轴瓦来改变两齿轮接触交角的方法调整。

（六）蜗轮、蜗杆接触偏斜

（1）现象：蜗轮接触面向左或向右偏移。

（2）原因分析：蜗轮与蜗杆中心线扭斜或中心距偏差过大。

（3）预防措施：装配时检查和测量准确蜗轮与蜗杆中心线，避免出现装配后中心线扭斜或中心距偏大的现象。

（4）治理方法：可移动蜗轮中间平面位置来改变蜗轮与蜗杆啮合接触位置，或刮研蜗轮的轴瓦以矫正中心线扭斜和中心距偏差。

（七）齿轮传动不正常

（1）现象：齿轮传动不正常及启动困难。

（2）原因分析：齿轮固定键松动；齿轮齿形不标准或有破损；齿轮装配误差过大；油量过多。

（3）防治措施：齿轮键松动时，应重新固定好。齿形超标过多或破损，应进行修整或更换合格的齿轮。齿轮装配不当的，要加以调整或重新进行齿轮装配。油量过多时，应调整油量，按规定加以限量。

八、液压与润滑系统

（一）液压冲击

（1）现象：液压油在流动过程中，发生冲碰和撞击。

（2）原因分析：由一个稳定工作状态到另一个稳定工作状态时，油液压力突然变化，这是由于液体本身特性（惯性力）而产生的。如油液正在流动，突然使其停止，从而压力突然剧增；反之，静止的液体，突然使其流动，这时也会由于惯性力的作用，使压力降低。

（3）防治措施：操作时动作要减慢，或限制油液流动的变化，在管路上可安装小惯性安全阀或缓冲器。

（二）系统漏油

（1）现象：系统中液油流失。

（2）原因分析：系统中供油过多，防油毡垫质量差，甚至损坏；部分螺钉未拧紧，减速机本身没有通气孔；系统内热量增高，将油挤出。

（3）预防措施：要按设备说明书的要求添加润滑油，检查防油毡垫的质量，不合格的要更换。检查紧固螺钉，要确保全部紧固牢固。

（4）治理方法：由于添加润滑油过多引起的系统漏油，要将多余的润滑油放出，按照设备说明书的要求保证系统中的润滑油量，不可过多或过少。将不合格的防油毡垫全部更换。检查所有螺钉，重新进行紧固。减速机没有通气孔的要增加通气孔，确保系统能正常工作。

（三）润滑系统失效

（1）现象：运转时设备摩擦表面进油少。

（2）原因分析：润滑系统中油管、油沟有堵塞，造成油路不畅通；油沟敷设太浅，油温过低，甚至有凝固现象；润滑系统零部件损坏；油系统进水，排污不及时。

（3）防治措施：清理疏通油管、油沟，并刮深油沟，提高润滑油的油温，保证油路畅通。检查整个润滑系统，更换损坏的零部件，确保润滑系统的正常工作。

(四)齿轮泵困油

(1)现象:齿轮泵困油,造成不能运转。

(2)原因分析:齿轮泵的两齿轮在啮合过程中,同时啮合的齿轮对数应多于一对,齿轮泵才能进行工作。当转动的一对齿开始啮合,而前面一对齿轮的啮合点尚未脱离啮合时,会在两对啮合的齿轮之间形成一个封闭的容积,使两对啮合齿之间的油困在一个封闭的容积内,并最终形成困油现象。

(3)防治措施:可在齿轮两侧前后端盖的平面上铣两条沟槽(即卸荷槽)。当油受挤压或形成空穴时,可与油腔连通而得到缓解。

(五)齿轮泵欠压

(1)现象:齿轮泵油量不足,压力不高。

(2)原因分析:轴向和径向间隙过大。

(3)防治措施:应正确调整齿轮泵的轴向和径向间隙,一般轴向间隙控制在 0.04 ~ 0.06 mm,径向间隙以不擦壳(即齿轮与泵体不接触)为准。

(六)齿轮泵密封故障

(1)现象:泵密封塞崩出来。

(2)原因分析:泵中回油孔堵塞所致。

(3)防治措施:检查和疏通回油孔,如果是由于液压油中的杂物将回油孔堵住,就要清除液压油中的杂物或重新换油,在压入轴端密封塞时,不要将回油孔堵住。

(七)齿轮泵运转卡阻

(1)现象:油泵咬死。

(2)原因分析:液压系统的油液不干净。

(3)防治措施:清除油液中的杂物或更换液压油;如不能修复,就要修理或更换油泵。

(八)齿轮泵轴转速不均

(1)现象:泵运转时快时慢。

(2)原因分析:由于泵的端盖与轴不垂直,或螺钉孔位置不正,以及齿轮有毛刺等造成。

(3)防治措施:对泵要重新进行调整和装配,保证泵的端盖与轴要垂直,螺钉孔位置不正的要重新打眼,去除齿轮上的毛刺,使齿轮光滑。

(九)齿轮泵腔欠油

(1)现象:泵不吸油或油量不足。

(2)原因分析:油泵转向不对;过滤器、管道堵塞;连接接头未拧紧,吸入空气。

(3)防治措施:检查泵的转向,如果反转,要调整过来,使泵转向正确。检查和清除过滤器和连接管道内的杂物,保证系统畅通。对接头未拧紧造成的泵腔欠油,要仔细检查接头并拧紧。

(十)油泵油管漏气

(1)现象:油泵油管漏气。

(2)原因分析:系统中连接部件(法兰和丝扣)处不严密,密封填料不符合标准要求。

(3)防治措施:检查系统中的连接部件,确保连接处连接紧密、牢固,更换符合标准的密封填料,密封应符合设备运转要求。

(十一)叶片泵不转动

(1)现象:油泵咬死。

(2)原因分析:泵与电机不同心,或油不洁净。

(3)防治措施:调整泵与电机的同心度,清除系统中油内杂物,或更换合格的液压、润滑油。

(十二)叶片泵油压不稳

(1)现象:油量不足,压力不够,表针摆动快。

(2)原因分析:液压、润滑系统管路漏气;滤油器堵塞;个别叶片动作不灵活;轴向间隙过大;溢流阀失灵或系统漏油。

(3)防治措施:找出漏气处,仔细将漏气处修复,消除系统中的管路漏气。清洗过滤器,修整叶片,使之转动灵活。调整轴向间隙(一般为0.005 mm);修复或更换溢流阀,检查系统漏油处并修复。配油盘内孔磨损的要修复或更换。

(十三)叶片泵运转噪声

(1)现象:泵运转时噪声异常。

(2)原因分析:叶片高度不一,倾角太小,转子与叶片松紧不一致,配油盘产生困油现象。

(3)防治措施:调整好叶片的高度和倾角,一般高度差不超过0.01 mm;检查叶片在转子槽内的灵活性,松紧程度要适宜。修整好配油盘节流开口处相邻的叶片。

(十四)叶片泵不上油

(1)现象:叶片泵吸不上油。

(2)原因分析:采用的油液黏度过大;油的温度过低;油泵的叶片与转子槽配合过紧;电机转向不对。

(3)防治措施:调换黏度小的油液,适当提高油温,修整叶片,调整叶片与转子间的配合间隙,矫正电动机的转向。

（十五）油缸运行状态失稳

（1）现象:油缸爬行和局部速度不均。

（2）原因分析:油缸内进入空气;两端盖板的油封圈装得松紧不一,并有泄漏现象;拉杆和活塞不同心,拉杆全长或局部弯曲;油缸安装位置偏移或孔径不直,以及油缸内壁腐蚀和拉毛;拉杆和床身台面固定得太紧,使同心度超差。

（3）防治措施:在油缸的上部装排气阀,排出空气。调整密封油圈,使其松紧适宜,处理好泄漏现象。校正拉杆与活塞的同心度（一般控制在 0.04 mm 以内）,拉杆修整后弯曲不超过 0.2 mm,如拉杆调整后还达不到要求,就要更换拉杆。调整油缸位置,油缸与导轨平行度控制在 0.1 mm 范围内,修整活塞按油缸间隙选配,除掉油缸壁上的腐蚀和毛刺,适当放松螺母,保证拉杆与支架接触。

（十六）活塞杆冲击

（1）现象:活塞杆往返过程中产生冲击现象。

（2）原因分析:活塞与油缸间隙大,节流阀失去调节作用,单向阀失灵,不起缓冲作用;纸垫破损,造成泄漏。

（3）防治措施:应严格按照工艺标准调节活塞与油缸之间的间隙,调整或更换单向阀,更换合格的纸垫。

（十七）缓冲时间过长

（1）现象:活塞杆在往返冲程过程中缓冲时间过长。

（2）原因分析:操作机构纸垫破损,回油不畅通;油缸及活塞杆变形;油缸与活塞之间的间隙过小;活塞上节流阀过短,使缓冲时间加长。

（3）防治措施:更换合格的纸垫,调大回油接头,使其回油畅通。调整或更换变形的油缸和活塞杆,按照工艺标准调整油缸与活塞之间的间隙。开长节流槽,缩短缓冲时间。

（十八）活塞杆推力不足

（1）现象:活塞杆在往返冲程过程中推力弱,影响机构正常操作。

（2）原因分析:油缸与活塞配合间隙过大,泄漏量过多;拉杆弯曲;封油圈过紧;缸体局部有腰鼓形缺陷等。

（3）防治措施:调整油缸与活塞间隙,应保持在 0.04 ~ 0.08 mm,消除泄漏处（更换纸垫和封油圈）;校正拉杆的弯曲部位,保持与活塞的同心度;放松压接螺钉,使封油圈封住泄漏处。

（十九）溢流阀性能失控

（1）现象:溢流阀压力不稳定。

（2）原因分析:溢流阀中的弹簧弯曲、弹性不足;阀芯与阀座接触不良;滑阀拉毛、变形弯曲;油液不洁,堵塞阻尼孔。

(3)防治措施:安装前应仔细检查溢流阀是否正确,当出现溢流阀压力不稳定时,应更换弹簧,修整阀座,研磨清洗滑阀。

(二十)溢流阀产生振动

(1)现象:溢流阀运行过程中产生振动。

(2)原因分析:溢流阀中螺母松动,弹簧变形;滑阀配合过紧等。

(3)防治措施:要及时拧紧螺母,更换合格的弹簧,并修理研磨滑阀。

(二十一)溢流阀节流失灵

(1)现象:调节阀调节失灵,流量无法控制。

(2)原因分析:阀与孔的间隙过大造成泄漏;节流孔堵塞,阀芯卡住。

(3)防治措施:调整阀与孔的间隙,更换损坏的零件。净化油或更换油,修整阀芯,使其滑动灵活。

(二十二)溢流阀失稳

(1)现象:执行机构运行速度不稳定。

(2)原因分析:系统内的压力油不洁净,使节流面积减小,速度减慢,节流阀使用性能差;节流阀泄漏,使动作不稳定;油温过高,使速度加快;阻尼堵塞空气侵入。

(3)防治措施:净化或更换压力油;清洗滑阀,增加过滤器;增加节流装置;更换失灵部件;各连接处要严加密封;开车一段时间后,调整节流阀并增加散热装置;要清洗好零件保证阻尼畅通;在系统中装设排气阀。

(二十三)换向阀不换向

(1)现象:滑阀不动作、不换向。

(2)原因分析:电磁铁损坏或吸力不够;弹簧折断或弹力超过电磁铁吸力;滑阀拉毛或卡住。

(3)防治措施:更换损坏的电磁铁和弹簧,并对滑阀进行拆洗和研磨,确保零部件完整。

(二十四)换向阀动作失灵

(1)现象:电磁铁上的绕组发热或烧坏。

(2)原因分析:电磁铁绕组绝缘不良;电磁铁芯吸附不牢;电磁线圈接通电压不符合要求;电磁焊接质量差。

(3)防治措施:采用符合要求的电磁铁和弹簧,调整系统中的电压,使其与电磁线圈要求的电压相符,重新焊接电极。

（二十五）换向阀运行噪声

（1）现象：交流电磁铁发出噪声。

（2）原因分析：电磁铁衔接接触不良。

（3）防治措施：拆开电磁铁，清除杂物，修整接触面，保证电磁铁接触良好。如调整不好时，就要更换电磁铁。

（二十六）管道清洗后的清洁度等级

管道清洗后的清洁度等级应符合设计或随机技术文件的规定。

九、起重吊装设备

（一）吊车轨道安装偏差

（1）现象：吊车轨道的跨距大小不一；吊车轨道未留设伸缩缝。

（2）原因分析：①施工中使用的钢盘尺误差过大。测量轨距时，以手拉的操作法，尺过松过紧或力量大小悬殊，也是造成测值误差过大的原因。②未严格按照设计图纸和轨道安装标准图进行施工安装，在安装排放轨道时，采用了从梁的一头向另一头铺设钢轨的方法。

（3）防治措施：①在施工中使用经过计量合格的钢盘尺，然后用同一弹簧秤，两人进行操作。作业时，两人在同一直线上，弹簧秤的拉力在每个测点上应相同，保证吊车轨道的轨距符合规范要求。②严格按照设计图纸和轨道安装标准图进行。在安装轨道时，应从伸缩缝向两端铺设。③对未留伸缩缝的，可采取锯断的方法，并相应增加压板的数量；伸缩缝的允许误差，不应超过±1 mm。

（二）两轮中心面不在同一平面上

（1）现象：吊车两轮的中心面不在同一平面上，造成行车不平稳。

（2）原因分析：纵横向中心位置未找准，或两轮厚度不一致。

（3）防治措施：传动轮装配后，必须检查和调整两个传动轮之间相互安装位置的正确性：首先应固定好从动轮，以它为基准找好纵横中心线和两轴平行度，检查如有偏移或倾斜，应进行调整；其次检查两个轮的厚度，不一致时要调整或更换。

（三）车轮啃轨

（1）现象：桥式起重机大车车轮在运行过程中，由于某种原因，使车轮与轨道产生横向滑动，导致车轮轮缘与轨道挤紧，引起运行阻力增大，造成车轮与钢轨的磨损。

（2）原因分析：①车轮的安装位置不准确引起的啃轨。车轮的水平偏差过大，或车轮的垂直偏差过大。车轮轮距、对角线不等，同一轨道上两车轮直线精度不良，也会造成起重机车轮啃轨。这些情况下啃轨的特点是车轮轮缘与钢轨的两侧都有磨损。②车轮加工误差造成车轮的直径不等，如果是两主动车轮的直径不等，在使用时会使左右两侧车轮的运行速度不一样，行驶一段距离后，造成车体走斜，发生横向移动，产生啃轨现象。③轨道安装质量差，造成两条轨道相对标高和水平直线度偏差过大，同一侧两根相邻的钢轨顶面不在同一水平面内，或钢轨顶面上有油、水、冰霜等。起重机在运行过程中，必然引起啃轨，这种情况下啃轨的特点是在某些地段产生啃轨现象。④桥架变形，必将引起车轮歪斜和起重机跨度的变化，使端梁水平弯曲，造成车轮水平偏差、垂直偏差超差，引起车轮啃轨。⑤传动系统制造误差过大或者在使用过程中磨损较严重；传动系统的齿轮间隙不等或轴键松动等；两套驱动机构的制动器调整的松紧程度不同；电动机的转速差过大，都会造成大车两主动车轮运行速度不等，导致车体走斜引起啃轨。

(3)防治措施：对于集中驱动和分别驱动的运行机构，防止和改善起重机车轮啃轨的方法应有所不同。可通过仔细检查，认真调整，纠正车轮和钢轨的不准确安装，特别要注意分别驱动运行机构两侧电动机、制动器和减速器存在的不同步问题。①限制桥架跨度 L 和轮距 K 的比值。L/K 值小于 5 时较为有利。②集中驱动的运行机构如车轮总数为 4 个，其中 2 个为主动车轮，主动车轮踏面可采用圆锥形踏面（锥度为 1 ∶ 10），并将锥面的大端向内安装，采用凸顶钢轨，起重机在运行过程中经过几次摆动，会自动调整运行方向，减少车轮与钢轨间的摩擦。③集中驱动的运行机构，两侧主动车轮直径不同的要车削或更换。④采用润滑车轮轮缘和钢轨侧面的方法，减轻运行摩擦阻力，以减少车轮和钢轨的磨损。⑤经常检查桥架是否变形，并及时矫正，使其符合技术要求，从根本上解决啃轨问题。在检查中若发现车轮对角线、垂直度及水平度超差，应及时进行调整。⑥对于分别驱动的驱动机构，若两侧驱动电动机的转速不一致，应更换为同一厂家生产的同一型号的电动机；两侧制动器动作不协调或者松紧程度不同的，要调整制动器。⑦传动系统间隙大的要检修或更换联轴器、变速箱等部件。⑧轨道有问题的，要按照轨道安装的技术要求进行检修调整；轨道上的杂物要及时清理。

（四）吊车制动故障

(1)现象：吊车电机制动器（抱闸）过松、过紧，制动失灵，影响动作平稳性。

(2)原因分析：抱闸内有污物和锈蚀未清除干净；衬料与闸瓦固定不牢，铆钉突出；闸轮与衬料接触面积达不到规定的标准；弹簧节距和直径的误差过大；长冲程气缸不清洁，气孔未调节好。

(3)防治措施：①检查和清洁所有小轴、闸轮上的所有污物、锈迹，保证小轴转动灵活，两端要有开口销，闸轮表面要确保无油漆；衬料与闸瓦应固定牢固，铆钉应埋入衬料厚度的 1/4；闸轮与衬料接触面积，应不小于衬料总面积的 75%；弹簧节距和直径的误差，不许超过 1 mm；弹簧总长度误差，不准超过误差总和之半；长冲程抱闸磁铁下的气缸，应清洗干净，试运转时，应检查气缸的工作状况，并调整好气孔。②运行机构的制动器应能制动大车和小车，但不宜调得太紧，防止车轮打滑和引起振动冲击；起升机构的制动器必须能制止额定负荷的 1. 25 倍，没有下滑和冲击现象。

（五）吊车大梁与端梁连接不牢

（1）现象：大梁与端梁连接部位的钢板端部不平，连接螺栓孔未充分对正吻合。

（2）原因分析：组装时，未将车体大梁放到水平及合适轨距的临时轨道上进行组对，而是就地组装，在车体大梁及端梁变形情况下，将连接螺栓穿孔拧紧。

（3）防治措施：组装时，应将车体大梁放到水平及轨距符合要求的临时轨道上进行组对，将大梁与端梁连接处的钢板端部调平，并检查连接螺栓孔是否吻合，如孔有错位，应仔细查明原因，不准任意修整螺栓孔，也不得随意更换连接螺栓或将螺杆的方台磨掉。螺栓孔对正后，穿上并拧紧螺栓，测量大车的对角线是否相等，两对角线相比长度差不应超过 5 mm。此外，还要测量大小车相对两轮中心距以及大车上的小车轨距。端梁接头的焊缝应牢固，表面不应有裂纹、夹渣、气孔和弧坑，加强板的高度和宽度应均匀。

（六）起重机跨度检测

起重机跨度检测应符合 GB 50278—2010《起重设备安装工程施工及验收规范》附录 A 的规定。

十、压缩机

（一）活塞式压缩机气缸响声不正常

（1）现象：气缸内发生敲击和异响。

（2）原因分析：①在安装压缩机时，没留出气缸余隙，因此，在运转过程中，活塞碰到气缸端面，发出沉闷的金属声。当气缸余隙过小时，压缩机运转后，连杆、活塞杆受热膨胀而伸长，也会使活塞与气缸相碰，发出碰击声。另外是活塞螺母松动，由于螺母未拧紧，当压缩机活塞向气缸方向运动时，发出强烈的敲打声，同时，冲击力逐渐加大。②气缸水套破裂将导致水进入气缸；水冷却系统泄漏，出现液体碰撞声；油水分离器失灵，使气体带水进入气缸，造成冲击；当压缩机冷却水中断后，气缸温度上升，这时突然供给冷却水，也会使气缸断裂，水进入气缸；在冬季压缩机停止运行后，不及时放出气缸内的水，会冻坏气缸。③在压缩机刚启动时，突然发出金属卡碰声，这表明某种工具或零件落入气缸内，如果活塞在行程的一个方向发出一种碎块似的敲打声，则可能是某个阀片破碎脱落，掉入气缸。④气缸润滑油过多，多余的油液聚集在气缸内，活塞往复运动时，击溅油液，发出双向的、不明显的液体冲击声。⑤铸造时内部型砂和型砂骨沫没有清理干净，当活塞动作时，发出沙沙响声。⑥活塞与气缸中心不一致，压缩机运行时，活塞组件擦碰气缸内壁，使气缸发热，并产生冲击碰撞声。

（3）防治措施：①按照设备技术文件的要求，调整好气缸与活塞的余隙；对活塞螺母松动的应及时拧紧，特别要在压缩机运行前做好此项工作。②气缸水套和冷却水系统，应在安装前进行认真的外观检查，并用 1.5 倍工作压力进行压力试验，合格后才能运转使用；对油、水分离器应及时进行清洗,吹出聚集在底部的油、水分,保持其效能;对温度高的气缸,待降温后,才能通入冷却水;冬季运转停止后,应及时放掉气缸水套中的水,防止发生断裂事故。③当发生异常响声时,应立即停车,打开阀座口,清除杂物,重新装阀,并仔细检查后,封闭气缸,再行开车。④使用符合要求的润滑油,并定量供油,当压缩机启动前,开动油泵时间不要太长。⑤将活塞上螺母堵头旋开,彻底清理型砂和杂物,洁净后拧紧堵头,并加上自动防松装置,拧紧堵头时,不能高出活塞端面。⑥按照设备技术文件和规范要求找正活塞与气缸中心。

(二)传动部件异响

(1)现象:机体内发生敲击和异响。

(2)原因分析:①主轴颈与瓦出现响声:轴瓦间隙过大,瓦间隙不适合,不便于轴转动和形成轴膜,这会引起发热,跳动冲击;主轴装配不当,主轴加工几何尺寸超过偏差,当水平度达不到要求时,也会出现发热、振动等情况;斜铁贴合不良。②曲轴销与连杆大头发出异响:当连杆大头瓦径向间隙过大时,将引起敲击、振动和烧瓦;轴向间隙过大时,容易使连杆横向窜动、歪偏,产生敲击冲动;间隙过小,曲轴热伸长推移连杆,使其歪斜,曲轴工作失常或卡死、烧瓦、抱轴等,破坏合金层,造成钢瓦背直接磨轴颈。③十字头发出不正常的响声:压缩机转向不对,十字头侧向力向相反方向作用,这时听到的是十字头上滑块的敲击声,使上滑道加速磨损,这种情况多出现于卧式压缩机;十字头跑偏或横移。一般情况下,十字头在机身滑道内的位置应居中,并与机身滑道中心线重合,相反,在滑道内歪斜、跑偏或横向跑偏,都将引起敲击和发热;滑道间隙过大,容易产生十字头跳动、敲击的异响声;十字头零件紧固不够,出现松动,发生异响;连杆小头与十字头销的装配间隙不合适。当径向间隙过大时,运转中十字头发出敲击声,径向间隙过小也会发热、烧瓦和抱轴;当轴向间隙过大时,也容易引起敲击和冲击,轴向间隙过小,膨胀时,容易咬住,也会产生发热和烧瓦;曲轴中心与滑道气缸中心不垂直,容易发热产生异响。

(3)防治措施:①重新调整主轴与瓦的径向和轴向间隙,使其达到规范要求;主轴安装前要认真检查几何尺寸是否符合要求;超差时,应及时处理和更换;对主轴水平度要按要求找平、找正;对轴瓦和斜铁的贴合接触面要求达到75%以上。②要正常调整曲柄与连杆大头瓦的径向和轴向间隙,一直达到设备技术文件和施工验收规范的规定。③要保证压缩机转向正确。④要正确装配十字头,对机身、中体和气缸,应以钢丝线找正定心,特别是长系列压缩机尤为重要,必须使其中心线重合,用内径千分尺检查十字头在滑道内位置是否正确,然后,将活塞杆慢慢插入十字头体内,并检查其水平度后,慢慢盘车,看其转动是否灵活。⑤滑道间隙过大,可利用十字头体与滑板之间的垫片进行调整。对十字头螺栓要逐渐均匀对称拧紧,并加上制动防松垫圈。⑥安装时,要严格控制连杆小头和十字头销的径向间隙使其达到标准的要求,并调整好曲轴对中。

(三)阀件异响

(1)现象:吸、排气阀产生敲击声,严重时损坏气缸。

(2)原因分析:①阀片折断一方面是材料和制造质量不符合要求造成的;另一方面是阀簧弹力不均匀,使阀片开关不一致,产生歪斜与升降导向块相互卡阻,阀片冲击升程限制器,阀片产生异响,应力集中极易损坏。②阀座装入阀室时,没有放正或阀室上压紧螺栓未拧紧,阀座不正或螺栓不紧,当气流通过时,易产生漏气和阀座跳动,并发出沉重的响声。

(3)防治措施:①安装前,对阀片的材质和加工质量应进行仔细检查,发现问题及时采取措施。对阀簧弹力不均者,应进行调整,并对每个阀簧至少要压缩 3 次,使圈与圈接触,要检查阀簧在压缩前后的自由高度,允许误差为 0.5%。②安装时,要仔细检查配气阀,特别是阀杆螺栓装入阀座或阀盖孔以后,要检查螺栓中心线是否与阀座平面垂直,螺栓与孔配合应符合规范规定。

(四)机组异常振动

(1)现象:压缩机组和基础异常振动。

(2)原因分析:①设计不合理。表现在工作时,产生不平衡的惯性力和惯性力矩大小与方向是周期性变化的,压缩机组结构设计不合理或基础设计有问题,使振动增大和剧烈。②卧式压缩机安装不当。曲轴本身安装不当或与气缸连杆等中心线不垂直;或十字头、活塞与气缸中心线不同心等,都是产生振动的因素。另一方面,地脚螺栓未拧紧,机座窜动,垫铁面积太小,不平整、过高,位置摆设不合理,以及压缩机同轴度超差过大等,都将引起振动。③电机安装不当。使转子铁芯与定子摩擦,导致振动。④皮带轮不同心。用三角形皮带传动时,两轮中心偏差过大。

(3)防治措施:①属于机组本身不平衡,惯性力过大引起的振动,可以在安装时,增大设备基础来补偿;②安装偏差过大者,应进行调整,达到标准规定时为止;③安装前,对零件应仔细检查,不符合标准的应加以修整或更换。

(五)系统管路振动

(1)现象:压缩机运转时,压缩系统管路产生异常振动。

(2)原因分析:由压缩机组本身不平衡的惯性力所引起,气流脉动性所致。惯性力不平衡引起机组和基础振动,可由管路将土体传到远方,而气流脉动引起的振动,只限于它产生的部位。当产生的振动频率恰和自然振动频率相同时,就会产生共振,使振动剧烈。

(3)防治措施:一般采取短管路支承长度,以提高自振频率,消除共振现象;在工作中,当发现管路振动大时,应把与压缩机连接的管路用管卡紧固,同时对大、中型压缩机的排气管要有水泥墩座,把排气管固定在水泥墩座上,可减小振动。

(六)运行过热

(1)现象:①压缩机曲轴的主轴颈和主轴瓦的运转温度超过标准要求;②气缸过热或排气温度过高;③活塞杆与密封器过热。

(2)原因分析:①主轴瓦间隙不合适。当径向间隙过小或不均匀时,将会破坏润滑油膜,产生偏摩擦、发热、烧瓦、抱轴等。而轴向间隙过小,轴受热膨胀,也容易出现卡住、烧瓦、过热等不正常现象。②主轴瓦润滑不良。油质不佳;供油量不足或中断供油造成部件磨损;油压不够,形不成一定油膜,使温度升高;油质污染,不经过滤,杂质多容易研瓦;油分配不均,润滑油应合理分布,形成油楔,产生油压平衡载荷等,当分布不均,将造成油瓦温度升高,直至烧毁轴瓦。③曲轴装配偏差过大,包括曲轴的水平度、曲轴与气缸中心线垂直度、主轴颈与主轴瓦间隙等;由于偏差过大,将会使轴承发热,超过规定的要求。④冷却水供应不足将造成冷却效果不佳,一般回水温度高于 35 ~40 ℃时,即表明冷却水供量不足。⑤密封器与活塞杆安装不当。两者不同心,当压缩机运转时,产生严重的摩擦,造成异常发热和漏气。密封圈弹簧安装歪斜,压力不均匀发生过热现象。密封器内有杂物,引起磨损发热。新安装的压缩机活塞杆与密封器未经“磨合”,产生配合密封不够。润滑油孔道(冷却水通路)受到阻塞,使润滑油(冷却水)不能进入密封器内部,造成活塞杆与密封器过热。

(3)防治措施:①应按设备技术文件的规定,正确调整主轴瓦的径向和轴向间隙。②油质应符合要求,通常用40 号和 50 号机械油。应定量供油,不能任意中断供油,油箱上一般有油位标示,以保证有足够的油量。要保持一定的油压,一般情况下油泵出口油压用回油阀调节,调到 0.2 ~0.4 MPa。保持润滑油的清洁,对有杂质的油应过滤后使用,当油中含水量超过 2.5% 时,应予更换。润滑油分布要合理均匀,以保证正常的油压。③要正确装配曲轴,使其达到设备技术文件规定的偏差,以保证运转的顺利进行。④供水量充足时,正常的排气温度不应高于 140 ~160 ℃,冷却水供给量要确保系统正常运行,定期除垢。⑤安装密封器时,必须仔细清洗干净,防止杂物落入,应用压缩空气吹洗润滑油孔道(冷却水通路),以确保畅通。装气缸孔内时,不要放歪斜,特别是当密封器底部有垫片时,更要均匀、对称地拧紧螺栓,避免产生歪斜现象。压紧角安装时要仔细检查,不要装错。安装密封圈弹簧时,可涂沾一些黄干油,以免歪斜。⑥压缩机在无负荷试运转时,对密封器的“磨合”时间要求:当气缸压力(表压)≤15 MPa 时,不小于 4 h;当气缸压力(表压)在 15 ~200 MPa 时,不小于 8 h。

(七)气阀漏气

(1)现象:气阀漏气。

(2)原因分析:①气阀不严密:阀片与阀座接触不好;阀座螺栓不严密;阀组件与气缸阀座口处不严密;阀片翘曲变形,形成气阀关闭不严;气阀装配不当,使阀片关闭不严,造成过热。②阀片开闭时间和开启高度不对,引起漏气。

(3)防治措施:①阀片与阀座接触不好应进行研磨,直到密封不漏气为止。②阀座螺栓配合要严密,防止气体倒泄。③阀组件与气缸阀座口处不严密时,首先应将密封垫圈的接口处修磨平整,对阀组件密封垫圈的拧紧程序不能搞错:第一,将阀组件套上密封圈,对准气缸上的阀孔座口平整地放入;第二,装入阀组件的压筒;第三,将阀盖密封圈正确地放入,并将阀组件压筒的顶丝松开,扣上阀盖;第四,对角匀称地把紧阀盖螺栓的螺母,然后再把紧压筒顶丝;第五,阀组压筒顶丝的螺母下应放入密封垫圈,以防气体漏出。④安装阀片时,应认真检查,对变形要妥善处理,必要时进行更换。⑤调整阀的装配偏差。对气阀的阀簧要认真检查和装配,阀片升程高度不符合要求经检查后,应进行调整;对没有调节装置的气阀,可加工阀片的升高限制器;对有调节装置的,可调节气阀内垫圈的厚度。

(八)安全阀漏气

(1)现象:安全阀漏气。

(2)原因分析:①安全阀阀簧支承面与弹簧中心线不垂直,阀簧受压时,就产生偏斜,造成安全阀的阀瓣受力不均,发生翘曲,引起漏气、振荡,甚至安全阀失灵;②安全阀与阀座间接触面不严密,有杂质和污物,产生发热、漏气等;③安全阀阀簧未压紧,连接螺纹及密封表面损坏等,引起安全阀漏气。

(3)防治措施:调整安全阀阀簧支承面与弹簧中心线垂直度,保持其相互垂直;对安全阀与阀座间的杂质、污物要清理干净,必要时,重新研磨,确保接触面严密;安全阀阀簧要压紧,螺纹和密封表面要保护好,有损坏处应修刮和研磨。

(九)曲轴损坏

(1)现象:曲轴产生裂纹或折断。

(2)原因分析:①安装不正确,曲轴与轴瓦间隙过小或接触不均,都会引起曲轴异常发热、振动和冲击,产生弯曲变形,甚至断裂;当联轴器同心度偏差过大,也会造成曲轴异常发热、跳动、变形、折断等。②制造工艺不当,曲轴有砂眼和裂纹存在,运转时造成断裂。③曲轴承受意外剧烈冲击,引起曲轴变形、裂纹或折断。

(3)防治措施:①要认真检查曲轴与瓦间隙的接触情况,必须达到技术标准的要求。联轴器同心度要用百分表反复测试,一直到符合标准要求为止。②安装前,对部件进行认真检查,对有怀疑的重要零部件,要组织有关人员进行鉴定,对不符合要求的产品,不能进行安装,以确保施工质量。③严格按操作规程正确地进行操作,防止意外冲击荷载的出现。对设备基础情况,可经常进行观测,发现问题及时处理。

(十)连杆螺栓折断

(1)现象:连杆螺栓折断。

(2)原因分析:①安装质量差,连杆螺栓与螺母拧得过松、过紧或操作方法不对,造成受力不均而折断;②由于连杆轴承过热,活塞被卡阻或压缩机进行超负荷运行,连杆螺栓承受过大荷载而折断。连杆螺栓材质不符合设备技术文件的要求,也会出现折断现象。长时间运行,零部件产生疲劳过度,而导致连杆螺栓损坏。

(3)防治措施:①安装连杆螺栓时,松紧要适宜,要使用测力扳手,或用卡规等工具检测预紧力。正确的操作方法是,可通过涂色法检查连杆螺母端面与连杆体上的接触面是否密封配合,必要时应进行刮研。②连杆螺栓材质一定要符合标准要求,不合格者,坚决更换。③要加强设备运行中的维护工作,严格按技术操作规程进行作业,发现问题要及时处理。

(十一)连杆损坏

(1)现象:连杆折断、弯曲。

(2)原因分析:一方面连杆螺栓松动,折断脱扣,活塞冲击气缸,使连杆突然承受过大的应力而弯曲或折断。另一方面锁紧十字头销的卡环脱扣或开口销折断，十字头销窜出，致使连杆撞弯。

(3)防治措施：安装连杆螺栓和十字头销卡环时要仔细拧紧，反复检查，防止发生事故。

(十二)气缸损坏

(1)现象：气缸或气缸盖破裂；气缸镜面被拉伤，活塞被卡住。

(2)原因分析：①冬期施工时，冷却水未放出，形成结冰膨胀，使气缸破裂。②压缩机运转中突然停水，使气缸温升过高，同时又突然放入冷却水，因而由于热胀冷缩的原因，使气缸破裂。③活塞与气缸盖相撞，把气缸盖撞裂；活塞杆与十字头连接不牢，活塞杆脱开十字头；活塞与活塞杆上的防松螺母松动；气缸内掉入金属物或流入一定数量的液体；气缸的前后空隙太小。④滤清器失灵。当滤清器失灵时，不洁物被吸入气缸、润滑油不干净等，使气缸镜面拉伤。⑤气缸润滑油中断。当润滑油中断后，活塞与气缸之间形成摩擦，阻力增大，使活塞卡住或拉伤气缸镜面。⑥气缸活塞装配间隙过小或不均匀。当曲轴、连杆、十字头等运动机构偏斜，都将导致活塞与气缸发生偏摩擦，因而划破气缸镜面。

(3)防治措施：①压缩机停止工作后，应及时排出气缸中的冷却水。②当冷却水停止，气缸温度过高时，应在气缸适当降温后，再通入冷却水。③安装时，要严格检查活塞与活塞杆、活塞杆与十字头的连接及防松垫片的翻边情况，仔细核对前后气缸的余隙。安装完毕后，用盘车装置盘动活塞，再次检查有无杂物落入气缸和有无异常响声。④对滤清器应经常进行清洗，防止异物进入气缸。⑤按规定供给合格的润滑油，并经常检查供油情况是否正常，发现问题，及时加以解决。

(十三)离心式压缩机压力、流量低于设计规定

(1)现象：过滤网阻塞，形成吸入负压增大。

(2)原因分析：①季节性风尘造成吸入空气含尘量超过过滤器过滤功能；②过滤网运行不正常，使灰尘积厚，影响空气流量；③气温降低，油黏度增大，造成阻塞和冻结。

(3)防治措施：调整过滤网的过滤功能，并经常清洗，保持空气的正常流量。当气温降低时，应采取升温措施，保持油的正常运行。

(十四)离心式压缩机冷却失效

(1)现象：各段冷却器效率降低。

(2)原因分析：供水量不足、供水温度高，以及冷却器水垢堵塞，影响换热效率。

(3)防治措施：检查各段冷却器，增大供水量和降低水温。

(十五)滑动轴承故障

(1)现象：轴承出现故障；止推轴承出现故障。

(2)原因分析：①润滑油不足或中断，引起轴承升温，严重时将瓦烧坏。②润滑油不清洁，脏物带入轴瓦内，破坏了油膜。③轴承振动大，引起合金脱落或裂纹。④冷却器冷却水

供应不足或中断，油温度过高，油精度下降，形不成良好的油膜。⑤润滑油中有水分。轴端、轴封间隙过大，漏气窜入轴承内，流经冷却器中冷却水压力大于油压，当油管泄漏时，水漏入油中。⑥轴承外壳过度热变形，使轴颈与轴瓦接触面受力不均，引起合金摩擦和轴承发热。轴向推力增加，使止推轴承超负荷运行，致使止推块的巴氏合金熔化；润滑油系统不畅通。油内有杂质，油质差，进油口孔板及管路堵塞，油冷却器失灵等；巴氏合金质量差。

(3)防治措施：①检查修理润滑系统，并增加供油量；清洗过滤润滑油，保证其清洁干净；调整好轴承装配间隙；增加供水量并消除管路系统中存在的问题；调整轴端、轴封间隙，使其达到规定的标准；调整轴颈与瓦的受力情况，保持受力分配均匀。②调整轴向推力，减小轴向负荷，保持合金层，使其正常运行；使用符合要求的润滑油，并经常检查润滑系统的工作情况，疏通油路，修整冷却器等；要正确地浇铸巴氏合金。

(十六)机组振动超常

(1)现象：机组运转过程中，振频及振幅均超过标准。

(2)原因分析：①转子不平衡，转数越高，偏心距越小，如转子的偏心距大于规定数值，转子转动时产生的离心力，会引起过大的振动；②安装调整不符合要求，如基础与易振构件相连，地脚螺栓松动，轴承间隙过大，机组找平、找正不精确，以及热膨胀等；③当转子在某一转数下旋转时，如产生的离心力频率与轴的固有频率相一致时，轴即产生共振。产生强烈振动的结果是转子以及整个机械遭到损坏。

(3)防治措施：①在专用设备上进行转子平衡试验，并采用相适应的措施，必要时，更换部件。②安装前要做好各项准备工作；安装过程中要保证每道工序、每个部件的装配正确，严格按设计和规范施工。③当压缩机启动时，不要在临界转数附近停留，使转子尽快跨越临界转数。

十一、风机及水泵

(一)风机弹簧减振器受力不均

(1)现象：弹簧压缩高度不一致，风机安装后倾斜，运转时左右摆动。

(2)原因分析：①同规格的弹簧自由高度不相等；②弹簧两端，半圈平面不平行、不同心；中心线与水平面不垂直；③每支弹簧在同一压缩高度时，受力不相等。

(3)防治措施：①挑选自由高度相等的弹簧组合成一组；②换用合格的产品；③在弹簧盒内底部加斜垫，调整弹簧中心轴线的垂直度；④分别做压力试验，将在允许误差范围内受力相等的弹簧配合使用。

(二)离心式通风机底部存水

(1)现象：离心式通风机底部存水，风机外壳容易锈蚀，送风含湿量大。

(2)原因分析：①由于挡水板过水量过大，水滴随空气带入通风机；②经空调器处理的空气进入通风机时，出于某种原因，空气状态参数发生变化，有水分由空气中析出，使通风机底部存水。

(3)防治措施：①调整挡水板安装水量，使过水量控制在允许范围内；②在通风机底部最低点安装泄水管，并用截止阀门控制，定期放水。

(三)风机产生与转速相符的振动

(1)现象：风机运转中，产生的振动与风机转速相符。

(2)原因分析：叶轮重量可能不对称；叶片上有附着物；双进通风机两侧进气量不相等。

(3)防治措施：①叶轮重量不对称的要调整、更换，使其重量对称；②检查叶片，将叶片上的附着物清除干净；③双进通风机应检查两侧进气量是否相等，如不等，可调节挡板，使两侧进气口负压相等。

(四)风机运转擦碰

(1)现象：机壳与叶轮圆周间隙不均。

(2)原因分析：风机出厂时装配不当；在运输、安装过程中发生碰撞。

(3)防治措施：按技术文件的要求，调整机壳和叶轮之间的间隙，保证运转正常。一般轴向间隙应为叶轮外径的1/100，径向间隙应均匀分布，其数值应为叶轮外径的1.5/1 000 ~ 3/1 000。

(五)风机润滑、冷却系统泄漏

(1)现象：风机的润滑和冷却系统未进行压力试验，产生泄漏。

(2)原因分析：不严格按标准施工，任意减少施工工艺程序。

(3)防治措施：应按设计或规范要求进行强度试验，试验压力当用水做介质时，为工作压力的1.25 ~ 1.5倍；当用气做介质时，为工作压力的1.05倍。

(六)风机运转振动异常

(1)现象：风机转子振动大，响声异常。

(2)原因分析：风机叶轮制造和安装不符合要求，或叶轮损坏，破坏转子体平衡而引起振动。

(3)防治措施：如叶轮本身有缺陷，应进行修整，必要时予以更换；如系安装精度不高，应重新进行调整，达到要求后，再投入正常运转。

(七)风压不足

(1)现象：风压降低，电流减小。

(2)原因分析：风机叶轮被棉纱或其他杂物缠住，送不出风。

(3)防治措施：要认真彻底清理叶轮上的棉纱或其他杂物，保持风机叶轮的正常运转。

(八)风机轴承振幅过大

(1)现象:风机运转中轴承径向振幅超过要求。

(2)原因分析:设备部件制造质量差,或安装精度达不到要求。

(3)防治措施:应仔细调整轴承的安装精度,使其达到规范规定的要求。

(九)管道和阀门重量加在泵体上

(1)现象:水泵进出口处的配管和阀门不设固定支架。

(2)原因分析:不严格按规定架设管道或设计不合理。

(3)防治措施:水泵配管或阀门处应设独立的固定支架,同时应保证水泵进出口连接柔性短管在管道与泵接口两个中心的连线上。按照规范要求和验收标准在管道和阀门的连接件上增设支撑;解除加到泵体上的荷载。

(十)水泵不出水或出水量过少

(1)现象:水泵出水量过少,甚至不出水。

(2)原因分析:①水泵转动方向不对或水泵转速过低;②水泵未灌满水,泵壳内有空气或吸水管及填料漏气;③水泵安装高度过大或水泵扬程过低;④吸水口淹没深度不够,空气被带入水泵;⑤压力管阀门未打开或发生故障;⑥叶轮进水口被杂物堵塞。

(3)防治措施:①检查吸水管及填料是否漏气,如漏气应加以修复。②降低水泵安装高度或改换水泵;清除水泵进出口杂物。③检查吸水口的淹没深度,应保持一定的深度,以确保水泵工作时不会因降低水位而将空气吸入系统。④认真检查电路,测试电压和频率是否符合电机要求。如水泵反转,要调整水泵电机的转向。⑤检查压水管阀门,若有故障应及时排除。

(十一)水泵发热或电机过载

(1)现象:水泵启动后,轴承或填料发热,电机负荷过大。

(2)原因分析:①轴承安装不良、缺油或油质不好,滑动轴承的甩油环损坏;②电机转速过高或泵流量过大,或水泵内混入杂物;③填料压得太紧或填料的位置不对;④泵轴弯曲、磨损或联轴器间隙太小。

(3)防治措施:①轴承安装前,认真进行检查,安装应正确,使用的润滑油应合格,注油不可少也不可过多。甩油环应放正位置,更换损坏的甩油环。②检查电机的转速,将转速控制在额定范围内,用阀门控制水泵流量,清理泵内的杂物。吸水口应设过滤网,压水管上的阀门开启程度应适当。③水泵叶轮与泵壳之间的间隙,填料函、泵轴、轴承安装应符合技术要求。④安装前应检查校核泵轴,如有弯曲现象应加以校直,联轴器间隙不应过小。

(十二)水泵振动噪声过大

(1)现象:水泵运转时,振动剧烈或噪声过大,影响水泵的正常运转。

(2)原因分析:①水泵安装垂直度或平整度误差较大;②水泵与电机两轴不同心度过大,或联轴器间隙过大或过小;③吸水高度高,吸水管水头损失过大;④管内存有空气;⑤基础地脚螺栓松动;⑥压水管与吸水管同水泵连接未设防振装置。

(3)防治措施:①利用已知水准基点的高程,用水准仪进行测量,控制安装标高的误差在允许范围内。②用角尺贴在两联轴器的轮缘上,检查上下左右点的表面是否与尺线贴平。若有差异,则可调整电机底脚垫片或移动电机位置,使其贴平;也可用塞尺塞两联轴器之间测量上下左右的端面间隙,并调整到允许范围以内。③降低吸水高度或减少吸水管水头损失。④压水管安装应有一定的坡度,并且顺直以消除管中存有的空气。⑤拧紧地脚螺栓并加防松装置,防止松动。⑥水泵与基础之间应设减振垫或采用减振基础。

(十三)减速机密封不良

(1)现象:减速机漏油。

(2)原因分析:在密封的减速机内,由于齿轮摩擦发热,减速机箱内温度增高,油压力也随之增大,因而使减速机内润滑油飞溅到内壁各处,在密封比较差的地方,油很快渗漏出来,特别是轴头部分,在运转中从轴隙处容易向外渗漏。

(3)预防措施:减速机本身应装设通风罩,以实现箱内均压;同时,要使箱内润滑油畅流,回收四壁飞溅的油料。减速机结合面处要密封良好。

(4)治理方法:更换损坏的密封垫。

(十四)减速机运行噪声大

(1)现象:齿轮啮合不标准,振动大。

(2)原因分析:减速机内传动齿轮啮合接触面和间隙不符合要求,多数是在场内制造时,检查不严格,加工粗糙所致;并且装配时两轴中心线不符合设计要求,距离过大或过小。

(3)预防措施:安装前,对可拆卸的减速机进行开盖检查,看齿轮组的啮合间隙和接触面是否符合要求,必要时,应进行刮研处理。

(4)治理方法:当两齿轮中心距误差过大或过小无法调整时,应及时更换部件,保证其正常运转。

十二、锅炉

(一)锅炉钢架安装超差过大

(1)现象:①各立柱的平面位置超差,上下水平对角线超差;②立柱不垂直或弯曲,各立柱相互间高低不一,两立柱在铅垂面内对角线超差;③水平梁不水平或弯曲;④锅炉大架焊接质量有问题(如漏焊、裂纹、未焊透)。

(2)原因分析:①基础放线不准,柱、横梁等构件的相对位置未经校正验收便焊接固定;②梁、柱等构件在安装前未校正调直;③焊接质量存在问题。

(3)防治措施:①应使用经过检验计量合格的工具和测量仪器,测量时要仔细,测量后要认真复核,确认无误并经验收合格后方可进行下步工作。②钢架组装前必须对构件进行检验校对,对超差的构件进行校正处理,校正合格后方可进行组装,经过校正不能达到标准的要更换。③注意基础纵横中心线及标高线测量放线方法,一般可依据锅筒定位中心线,确定锅炉的纵横向安装基准线。并在钢架安装前,预先在各立柱上设置永久的1 m标高线和纵向的中心线,1 m标高线应从柱顶向下量。④各立柱与主要横梁焊接固定前,应对各立柱的垂直度、主要横梁的水平度、水平面对角线、垂直面对角线、立柱标高等尺寸进行纠正验收,合格后方可焊接固定。⑤焊接时注意施焊顺序,防止焊接变形。焊接过程中,要对焊接质量进行检查,防止焊接质量问题的产生。⑥钢架安装允许偏差及其检测位置,应符合GB 50273—2009《锅炉安装工程施工及验收规范》中的规定。

(二)锅炉底部漏风

(1)现象:锅炉运行中底部出现漏风。

(2)原因分析:锅炉就位后,锅炉与基础处理不当,接缝处没有堵严,造成漏风。

(3)预防措施:锅炉就位找正后,应将底部缝隙认真填充,可首先填充石棉水泥砂浆,然后用普通水泥砂浆抹平。

(4)治理方法:发现锅炉底部漏风后,要找到漏风处,将缝隙处内的杂物清理干净,填充石棉水泥砂浆后,用水泥砂浆抹平即可。

(三)锅筒与集箱安装超差过大

(1)现象:①锅筒标高、纵横水平度轴线中心位置、纵向中心线超差;②锅筒内的零部件漏装或固定不牢;③汽包吊环与汽包外圆接触间隙太大。

(2)原因分析:①锅筒和集箱放线时,没有找到纵、横坐标和标高基准线,锅筒、集箱两端水平和垂直中心线不准,使用的测量仪器和量具误差大;二者位置找到后,没有固定牢固而发生位移。②安装锅筒内部装置时,操作人员不认真,检验人员检查不认真;③安装固定时没有认真核对和检查接触间隙的大小。

(3)防治措施:①锅筒和集箱放线时,先找好纵横中心和标高的基准位置;当锅筒和集箱找好后,应由质量检验人员进行校核,发现偏差后要予以调整,合格后要及时固定。对使用的仪器和工具要经过检验,合格后方能使用。②进行锅筒内的零部件安装时要按照施工图纸进行。安装完成后,由检验人员进入锅筒内认真检查,发现问题及时处理。③汽包安装时要认真核对接触间隙,接触面符合要求后进行固定,固定后要再进行核对,以保证安装符合规范规定。④锅筒和集箱就位找正时,应根据纵向和横向安装基准线以及标高基准线对锅筒、集箱中心线进行检测。

(四)过热器、省煤器安装偏差大

(1)现象:管排平整度偏差大,管子对口错口、折口,以及设备内部不清洁等。

(2)原因分析:①设备本身存在缺陷,其中包括管排平整度差、防磨罩脱落、设备运输过程中碰伤、管子鼓包、管子凹坑等;②施工中没有对管排进行及时调整和固定;③设备带缺陷安装;④卡扣制造质量差;⑤在风力较大的情况下进行设备吊装时,会对设备的固定、找正工作带来影响,造成误差较大。

(3)防治措施:①对设备进行仔细检查,发现缺陷及时上报处理,吊装前逐件对组件进行检查,确保不将缺陷带到锅炉上;②设备在地面全部进行通球,在组合进行后进行第 2 次通球,并安排专人进行旁站,确保设备内部清洁;③搭建防风、防雨棚,减少环境因素对构件质量的影响;④立式管排吊装过程中及时对管排进行调整并紧固,确保下一步设备的安装;⑤使用合格的、质量好的卡扣,安装中管子对口平整,不出现对口错口和折口,确保安装质量。

(五)炉顶密封漏烟、漏灰

(1)现象:锅炉运行时,顶部有烟和灰尘飘出。

(2)原因分析:①未按图纸说明或技术规范的要求施工;②密封焊接质量不好,出现漏焊、气孔等;③密封材料选择不当,质量检验把关不严。

(3)预防措施:①密封施工前,仔细熟悉施工图纸和有关规范,严格按照规范要求施工。②密封件施工前要检验合格后方可点焊到位,焊接按顺序进行。密封焊缝侧的油污、铁锈等杂物必须清除干净。密封件搭接间隙要压紧,其公差要在规范要求范围内,密封件的安装严禁强力对接。③焊缝停歇处的接头,应彻底清除药皮才能继续焊接。焊缝应严格按设计图纸的厚度和位置进行,不得漏焊和错焊。炉顶保温浇灌前应吹扫清理干净积灰及焊渣药皮。④浇灌前应逐个捣固严密,所有夹缝和间隙处都应灌浆,防止有空隙和孔洞,并按规范要求妥善养护。⑤填塞材料材质按照设计要求使用。

(4)治理方法:①密封材料使用不符合设计和规范要求的要全部更换;②由于漏焊和气孔造成的要进行补焊,补焊合格后按照规范要求进行填塞材料的密封。

(六)炉排安装偏差过大

(1)现象:①炉排跑偏;②运转中有间断的咔嚓声,严重时炉排断裂;③炉排外侧与护墙板碰撞。

(2)原因分析:①炉排前后轴不平行或水平度差,链条长短不一;②炉排片制造误差大,翻转不灵活,链条制造误差大;③炉排外侧与护墙板间隙过小,护墙板凹凸或个别钢砖松动。

(3)防治措施:①炉排前后轴安装时要测量平行度和水平度,以确保前后轴的安装精度符合规范规定。②炉排安装前应对炉排逐节检验,并对齿轮进行检查修磨。安装后在空运时应仔细予以调整。③护墙板用拉线的方法予以检查,调整炉排与护墙板的间隙,并对个别凸出的砖墙予以修平。④链条炉排、鳞片式炉排、链带式炉排、横梁式炉排、往复炉排、型钢构件及其链轮安装前应复检。

(七)炉膛火焰偏烧

(1)现象:锅炉运行中,炉内火焰偏向一侧。

(2)原因分析:布风不均、布煤不均,烟道调节门偏移或烟风道不畅通。

(3)防治措施:调节烟闸门使其灵活、左右对称,保证出煤均匀、厚度一致。检查调风装置,要牢固可靠,操作灵活,防止门风脱落。检查并调整炉腔侧密封块与炉的间隙,使其符合生产厂家规定和要求。烟风通道要清理干净,无杂物、无漏风。

(八)胀管失误

(1)现象:锅炉胀管率过大或过小,胀管管口有偏胀处。

(2)原因分析:管孔和管束外径偏差过大;管孔大小尺寸与管束外径尺寸不对号;胀管操作时,用力不均,胀紧程度未控制好;锅筒和集箱位置不正等。

(3)防治措施:锅炉受热面安装前,要仔细检查锅筒、集箱和管束,各部分尺寸不能超过标准,对不合格品要剔除,不能用在受热面安装中。胀接前,要做好放大样;排管工作,要认真做到"对号入座",由熟练的工人操作,并采取控制胀管率的方法,防止出现过胀的情况,胀管器要灵活可靠;对锅筒和集箱位置一定要找正并固定牢固。

十三、焊接工程

(一)焊缝成形不良

现象、原因分析、预防措施和治理方法参见 GB 50661—2011《钢结构焊接规范》"钢肋焊接与机械连接"的相关条目。

(二)咬边

现象、原因分析、预防措施和治理方法参见 GB 50661—2011《钢结构焊接规范》"钢肋焊接与机械连接"的相关条目。

(三)烧伤

现象、原因分析、预防措施和治理方式参见 GB 50661—2011《钢结构焊接规范》"钢筋焊接与机械连接"的相关条目。

(四)未熔合

现象、原因分析、预防措施和治理方法参见 GB 50661—2011《钢结构焊接规范》"钢筋焊接与机械连接"的相关条目。

(五)弯曲

(1)现象:由于焊缝的横向收缩或安装对口偏差而造成的垂直于焊缝的两侧母材不在同一平面上,形成一定的夹角。

(2)原因分析:①安装对口不合适,本身形成一定夹角;②焊缝熔敷金属在凝固过程中本身横向收缩;③焊接过程不对称施焊。

(3)预防措施:①保证安装对口质量;②对于大件不对称焊缝,预留反变形余量;③对称点固、对称施焊;④采取合理的焊接顺序。

(4)治理方法:①对于可以使用火焰校正的焊件,采取火焰校正措施;②对于不对称焊缝,合理计算并采取预留反变形余量等措施;③采取合理焊接顺序,尽量减少焊缝横向收缩,采取对称施焊措施;④对于弯折超标的焊接接头,无法采取补救措施时,进行割除,重新对口焊接。

(六)未焊透

现象、原因分析、预防措施和治理方法参见 GB 50661—2011《钢结构焊接规范》“钢筋焊接与机械连接”的相关条目。

(七)焊瘤

现象、原因分析、预防措施和治理方法参见 GB 50661—2011《钢结构焊接规范》“钢筋焊接与机械连接”的相关条目。

(八)弧坑

现象、原因分析、预防措施和治理方法参见 GB 50661—2011《钢结构焊接规范》“钢筋焊接与机械连接”的相关条目。

(九)表面气孔

现象、原因分析、预防措施和治理方法参见 GB 50661—2011《钢结构焊接规范》“钢筋焊接与机械连接”的相关条目。

(十)弧疤

(1)现象:焊件表面有电弧击伤痕迹。

(2)原因分析:多为偶然不慎使焊条、焊疤、电焊电缆线破损处与焊接工件接触,或地线与工件接触不良,短暂时引起电弧。焊接时不在坡口内引弧而随意在工件上引弧、试电流。

(3)预防措施:经常检查焊接电缆线及地线的绝缘情况,发现破损处,立即用绝缘布包扎好,装设接地线要牢固可靠。焊接时,不在坡口以外的工件上引弧试电流,停焊时,将焊钳放置好,以免电弧擦伤工件。

(4)治理方法:电弧擦伤处用砂轮打磨光滑。

(十一)表面裂纹

(1)现象:在焊接接头的焊缝、熔合线、热影响区出现表面开裂缺陷。

(2)原因分析:这是焊缝中危害最大的一种缺陷,任何焊缝都不允许有裂纹及裂缝出现,一经发现必须马上清除返修。按裂纹产生的原因不同,有热裂纹、冷裂纹及再热裂纹之分。

热裂纹一般是在焊缝金属结晶过程中形成的,是应力对焊缝金属结晶过程作用的结果。冷裂纹是在焊缝冷却过程中出现的,它可在焊接后立即出现,也可在焊后较长时间后出现,它的产生与氢有关,所以又称氢致延迟裂纹,由于其具有延迟特性,因此它的出现相当于埋下了一颗定时炸弹,危害更大。再热裂纹一般产生于热影响区,大多发生在应力集中部位,一般在焊缝区域再次受热时形成。

(3)预防措施:①防治热裂纹的措施:采用熔深较浅的焊缝,改善散热条件,使低熔点物质上浮在焊缝表面而不存在于焊缝中;合理选用焊接规范,并采用预热和后热,减小冷却速度;采用合理的装配次序,减小焊接应力;降低焊缝中的杂质含量,改善焊缝金属组织;焊接接头的固定要正确,避免不必要的外力作用于接头部位;选择刚性小的焊接接头形式来改善接头的拘束条件。②防治冷裂纹的措施:采用低氢型碱性焊条,严格烘干,在 100 ~ 150 ℃下保存,随取随用;提高预热温度,采用后热措施,并保证层间温度不小于预热温度;选用合理的焊接顺序,减少焊接变形和焊接应力;仔细清理焊丝和焊件,去油除锈改善焊接接头,减少应力集中,对接头部位必须先清除油污、水分和锈蚀;采取及时焊后热处理,以改善接头组织或消除焊接残余应力。③防治再热裂纹的措施:合理预热或采用后热,增加焊前预热、焊后缓冷措施,以减小残余应力和应力集中,控制冷却速度;改进接头形式,减少接头的刚性;回火处理时尽量避开再热裂纹的敏感温度区,或缩短在此温度区内的停留时间;焊后将焊缝打磨平滑;利用氩弧焊对焊缝表面进行一次重熔,以减小焊接残余应力。

(4)治理方法:①针对每种产生裂纹的具体原因采取相应的对策;②对已经产生裂纹的焊接接头,采取挖补措施处理。

(十二)表面夹渣

现象、原因分析、预防措施和治理方法参见 GB 50661—2011《钢结构焊接规范》“钢筋焊接与机械连接”的相关条目。

(十三)错口

(1)现象:焊缝两侧外壁母材不在同一平面上,错口量大于 10% 母材厚度或超过 4 mm。

(2)原因分析:焊接对口不符合要求,焊工在对口不合适的情况下点固和焊接。

(3)预防措施:对口工程中使用必要的测量工具,对口不合格的不得点固和焊接。

(4)治理方法:错口要采取割除、重新对口和焊接,在标准内的错口要进行板材两侧补焊过渡。

十四、防腐、保温施工

(一)埋地管道防腐缺陷

(1)现象:①底层与管子表面黏结不牢;②卷材与管道或各层之间黏结不牢;③表面不平整,有空鼓、封口不严、搭接尺寸过小等缺陷。

(2)原因分析:①管子表面上的污垢、灰尘和铁锈清理不干净,甚至有水分,使冷底子油不能很好地与管型黏结,冷底子油配制比例不符合要求;②沥青温度不合适,操作不当;③卷材缠得不紧密。

(3)预防措施:①管子在涂冷底子油之前必须将管子表面清理干净,冷底子油按重量比,沥青:汽油为1:2.5~1:2.25;②操作须正确,涂冷底子油要均匀,接着涂热沥青玛蹄脂(沥青加热到160~180 ℃加入高岭土),仔细涂抹均匀,并注意安全操作。防水油毡按螺旋状包缠在管壁上,搭接宽度为60~80 mm,并用热沥青封口。缠绕应紧密平整,防止起鼓。

(4)治理方法:如果卷材松动,说明黏结不牢或缠绕不紧,必须拆下重做。

(二)涂装完成的管道保护不好

(1)现象:涂装完成的管道安装时涂层有脱落、划痕。

(2)原因分析:涂装后的管道有碰撞,油漆未干燥时就移动,吊装时保护不好。

(3)预防措施:涂装后的管道用枕木垫起,严禁碰撞,待油漆干燥后再移动。吊装时做好管道保护工作。

(4)治理方法:脱落的地方要按规定补刷。

(三)保温隔热层保温性能不良

(1)现象:保湿结构夏季外表面有结露返潮现象,热管道冬季表面过热。

(2)原因分析:①保温材料密度太大,含过多较大颗粒或过多粉末。②松散材料含水分过多;或由于保温层防潮层被破坏,雨水或潮气浸入。③保温结构薄厚不均,甚至小于规定厚度。④保温材料填充不实,存在空洞;拼接型板状或块状材料接口不严。⑤防潮层有损坏或接口不严。

(3)预防措施:①松散保温材料应严格按标准选用、保管,并抽样检查,合格者才能使用;②使用的散装保温材料,使用前必须晒干或烘干,除去水分;③施工时必须严格按设计或规定的厚度进行施工;④松散材料应填充密实,块状材料应预制成扇形块并捆扎牢固;⑤油毡或其他材料的防潮层应缠紧并应搭接,搭接宽度为30~50 mm,缝口朝下,并用热沥青封口。

(4)治理方法:凡已施工不能保证保温效果的,应拆掉重做。

(四)保温结构不牢、薄厚不均

(1)现象:保温结构外管凹凸不平,薄厚不均,用手扭动表层,保温结构活动。

(2)原因分析:①当采用矿棉等松散材料保温时,有时不加支撑环或支撑环拧得不紧,造成包捆的铁丝网转动或不能很好地掌握保温层厚度;②采用瓦块式结构时,绑扎铁丝拧得不紧或与管子表面黏结不牢;③缠包式结构铁丝拧得不紧,缠得不牢,造成结构松脱;④抹壳不合格,造成保温层表面薄厚不均,不美观。

(3)预防措施:①采用松散保温材料时,特别是立管保温,必须按规定预先在管壁上焊上或卡上支撑环,环的距离要合适,焊得要牢,拧得要紧。这样一方面容易控制保温层厚度,另一方面使主保温结构牢固。②当采用预制瓦块结构保温时,需用胶黏剂粘牢,瓦块厚度要均匀一致。③采用缠包式保温结构时,应把棉毡剪成适用的条块,再将这些条块缠包在已涂好防锈漆的管子上,缠包时应将棉毡压紧。

(4)治理方法:如果保温层厚度超过规定允许偏差时,应拆下重做。绝热结构固定件和支承件的安装要求见 GB 50185—2010《工业设备及管道绝热工程施工质量验收规范》及 GB 50126—2008《工业设备及管道绝热工程施工规范》中相关规定;绝热层安装厚度、安装密度及伸缩缝宽度的质量标准参见 GB 50185—2010《工业设备及管道绝热工程施工质量验收规范》中的规定。

(五)护壳凹凸不平、表面粗糙

(1)现象:石棉水泥护壳抹得不光滑,厚度不一致。棉布或玻璃丝布缠得不紧,搭接长度不够,用铝板、镀锌铁皮板包缠的护壳,接口不直。

(2)原因分析:保温层护壳不仅起保护主保温材料的作用,还有美观的作用。所以,在进行保温结构施工时,要保证设计要求的厚度,并做到牢固均匀。在进行护壳施工时,要特别注意施工程序和规范要求。如果忽视以上方面的要求,则往往造成护壳不合格或不美观。

(3)预防措施:①石棉水泥保护壳使用最广,一般做法是把包好的铁丝网完全覆盖,面层应抹平整、圆滑,端部棱角齐整,无明显裂纹。石棉水泥护壳应在管子转弯处预留 20 ~ 30 mm 伸缩缝,缝内填石棉绳。②玻璃布保护层一般先在绝热层外粘一层防潮油毡,油毡外贴铁丝网。缠玻璃布时,先剪成条状,环向、纵向都要搭接,搭接尺寸不小于 50 mm。缠绕时应裹紧,不得有松脱、翻边、褶皱和鼓包,起点和终点必须用铁丝扎牢。③用招板或镀锌铁皮做保护壳时,首先根据保温层外圆加搭接长度下料、滚圆,一般采用单平咬口和单角咬口。纵缝边可采用半咬口加自攻螺钉的混合连接,但纵缝搭口必须朝下。

(4)治理方法:石棉水泥保护壳不合格,只有砸掉重抹。玻璃布和铁皮护壳可进行修整。

(六)保温材料脱落

(1)现象:管道、设备上的保温材料开裂、脱落。

(2)原因分析:①外覆保温棉保温,外用铝箔胶带固定。当铝箔胶带受潮老化失效时,保温材料脱落。②捆绑保温材料的镀锌铁丝的缠绕方法不正确。③保温立管长度较长时未设置托盘。

(3)预防措施:①正确选定保温方式,在潮湿和高温的地方不宜采用铝箔胶带固定方法;②镀锌铁丝必须单圈捆绑,不可沿管道方向缠绕;③在较长立管保温时,应用镀锌铁皮或铁丝制作支撑托盘,焊固在钢管上,以支撑保温材料的重量。

(4)治理方法:将开裂、脱落的保温部分拆下重新进行安装,立管处加支撑,选用适合潮湿、高温处的保温固定方法。

(七)设备保温留有缝隙

(1)现象:保温层材料搭接处有缝隙。

(2)原因分析:进行保温工作时,保温材料的接缝处没有对齐、对平,保温材料接头处切割不整齐、不平整。

（3）预防措施：保温层敷设时材料切割必须整齐，保温层紧贴金属壁面拼接严密，同层应错缝，多层应压缝，方形设备四角保温应错接，缝隙用软质高温保温材料充填，绑扎固定牢固。多层次保温时，一层施工完毕进行检查验收合格后，方可进行下一道工序的施工。

（4）治理方法：不符合标准的要拆除重新进行保温。

第二节　建筑给排水施工技术及质量控制

一、室内给水管道安装

室内给水管道的传统管材是钢管和给水铸铁管。给水铸铁管一般采用承插连接和法兰连接，钢管采用丝接、焊接和法兰连接。由于钢管和铸铁管自重较大，且钢管易生锈，铸铁管管壁粗糙，再加之生产钢管和铸铁管的能耗较大，因此“以塑代钢”已成必然趋势。取代钢管和铸铁管作为生活给水管的将是聚丁烯管、聚丙烯管、铝塑复合管、钢塑复合管、给水 PVC-U 管和铜管等新型管材。给水塑料管根据材质的不同，其连接方法有卡套式连接、热熔焊与钢管和给水配件连接。

（一）地下埋设管道漏水或断裂

（1）现象：管道通水后，地面或墙角处局部返潮、渗水甚至从孔缝处冒水，严重影响使用。

（2）原因分析：①管道安装后，没有认真进行水压试验，管道裂缝、零件上的砂眼以及接口处渗漏，没有及时发现并解决；②管道支墩位置不合适，受力不均匀，造成丝头断裂；③北方地区管道试水后，没有及时把水洗净，在冬季造成管道或零件冻裂漏水；④管道埋土夯实方法不当，造成管道接口处受力过大，丝头断裂。

（3）预防措施：①严格按照施工规范进行管道水压试验，认真检查管道有无裂缝，零件和管丝头是否完好。管道接口应严格按标准工艺施工。②管道严禁铺设在冻土或未经处理的松土上，管道支墩间距要合适，支垫要牢靠，接口要严密，变径不得使用管补心，应该用异径管箍。③冬期施工前或管道试压后，应将管道内积水认真排泄干净，防止结冰冻裂管道或零件。④管道周围埋土要分层夯实，避免管道局部受力过大，丝头损坏。

（4）治理方法：查看竣工图，弄清管道走向，判定管道漏水位置，挖开地面进行修理，并认真进行管道水压试验。

（二）塑料给水管漏水

（1）现象：管道通水后管件处或管道自身漏水。

(2)原因分析:①安装程序不对,安装方法不当,造成管道损坏、接头松动;②试压不合格。

(3)预防措施:①塑料给水管多为暗装,应采用以下安装方法:预埋套管;预留墙槽板槽,尽量把安装工期延后,以减小因工种交叉而损坏管道的概率;②做好成品保护,与土建工种搞好协调配合;③铝制管件应精心安装,须一次成功,切忌反复拆卸;④采用分段试压,即对暗装管道安装一段,试压一段。试压必须达到规范和生产厂家的要求。全部安装完成后,再整体试压一次。

(4)治理方法:更换损坏的管道和管件。

(三)管道立管甩口不准

(1)现象:立管甩口不准,不能满足管道继续安装对坐标和标高的要求。

(2)原因分析:①管道安装后,固定得不牢,在其他工种施工(例如回填土)时受碰撞或挤压而移位;②设计或施工中,对管道的整体安排考虑不周,造成预留甩口位置不当;③建筑结构和墙面装修施工误差过大,造成管道预留甩口位置不合适。

(3)预防措施:①管道甩口标高和坐标经核对准确后,及时将管道固定牢靠。②施工前结合编制施工方案,认真审查图纸,全面安排管道的安装位置。关键部位的管道甩口尺寸应经过详细计算确定。③管道安装前注意土建施工中有关尺寸的变动情况,发现问题,及时解决。

(4)治理方法:挖开立管甩口周围的地面,使用零件或用煨弯方法修正立管甩口的尺寸。

(四)镀锌钢管焊接连接,配用非镀锌管件

(1)现象:镀锌钢管焊接连接配用非镀锌管件,造成管道镀锌层损坏,降低管道使用年限,影响供水的质量。

(2)原因分析:①镀锌钢管的零件供应不配套;②不按操作规程施工。

(3)预防措施:①及时做出镀锌钢管零件的供应计划,保证安装使用的需要;②认真学习和执行操作规程。

(4)治理方法:拆除焊接部分的管道,采用丝扣连接的方法,非镀锌管件换成镀锌管件重新安装管道。

(五)管道结露

(1)现象:管道通水后,夏季出现管道周围积结露水并往下滴水。

(2)原因分析:①管道没有防结露保温措施;②保温材料种类和规格选择不合适;③保温材料的保护层不严密。

(3)预防措施:①设计应选用满足防结露要求的保温材料;②认真检查防结露保温质量,保证保护层的严密性。

(4)治理方法:重新修整保护层,保证其严密封闭。

(六)给水管出水变质

(1)现象:打开水阀或水嘴后,流出的自来水发黄,有沉淀物甚至有异味。

(2)原因分析:①给水钢管生锈;②给水系统交付使用前,未认真进行冲洗;③屋顶水箱为普通钢板水箱,水箱的漆层脱落,钢板生锈;④消防水与生活水共用屋顶水箱,但未采取相应的技术措施,致使水箱的水存放过久而变质。

(3)防治措施:①用塑料给水管等新型管材代替钢管作为生活给水管。若采用钢管作为给水管,应尽量采用质量合格的热浸镀锌钢管。②水管交付使用前,应先用含氯的水在管中置留 24 h 以上,进行消毒,再用饮用水冲洗,至水质洁白透明,方可使用。③钢板水箱做玻璃钢内衬或其他符合卫生标准的水箱,代替普通钢板水箱。④与消防水共用的屋顶水箱将生活出水管配管方式改为设置专用止回阀的配管方式,以防水存放过久而变质。

(七)水泵不能吸水或不能达到应有的扬程

(1)现象:①水泵空转,不能吸水;②水泵出力不够,不能达到应有扬程。

(2)原因分析:①水泵底阀漏水或堵塞;②吸水管有裂缝或砂眼,吸水管道连接不紧密;③盘根(填料函)严重漏气;④水泵安装过高,吸水管过长;⑤吸水管坡度方向不对;⑥吸水管大小头制作、安装错误。

(3)防治措施:①若条件许可,尽量采用自灌式给水,这样既可节省安装底阀,减少故障,又可实现水泵自动控制。②吸水管应精心安装,吸水管的管材须严格把关,仔细检查,不能把有裂纹和砂眼的次品管作为吸水管。③吸水管若为丝接,丝口应有锥度,填料饱满,连接紧密;吸水管若为法兰连接,紧固法兰螺栓应对角交替进行,以保证接头严密。④压紧或更换盘根。⑤水泵的吸水高度应视当地的海拔高度而定。

(八)给水阀门选择错误

(1)现象:屋顶水箱进出水共用管的阀门选择错误,致使水流过小,甚至无水可供。

(2)原因分析:某楼房给水的下面几层利用自来水管网压力直接供水,立管中部装有单流阀,当自来水压力不够时,上面几层的用户就依靠屋顶水箱供水。

(3)预防措施:①管道安装前,应认真看图领会设计意图;②严格按照图纸和规范选择阀门,在双向流动的管段上,应选择闸阀或蝶阀。

(4)治理方法:立管顶层的截止阀为闸阀或蝶阀。

(九)室内消火栓箱安装及配管不当

(1)现象:室内消火栓箱安装及配管不规范,消火栓阀门中心标高不符合规范要求,接口处油抹不干净;箱内水龙带摆设不整齐;消火栓箱保护不善,污染严重,门开、关困难,影响观感,妨碍使用。

(2)原因分析:①暗装消火栓箱的支管斜砌入墙内,影响观感。②安装在楼梯侧的消火栓箱,其安装高度不合适,消火栓栓口距楼梯转角平台 1.2 m,安装过低,影响使用。③土建留洞口位置不准,安装消火栓箱时未认真核对标高;安装完栓口阀门后未认真清理;未按规范规定将水龙带折挂或卷在盘上;消火栓箱在运输、贮存中乱堆乱放,保护层脱落,门被碰撞变形,造成污染和开关困难。

(3)防治措施:①明装管道应横平竖直,与建筑线条相协调,进入暗装消火栓箱的支管应按照施工图设置;②消火栓栓口中心距地面高度应为距栓口中心垂直向下所在楼梯踏步1.2 m或1.1 m(由设计图纸确定),这样才不会妨碍消火栓箱的正常使用;③安装消火栓箱时,对标高要认真核对无误后方可安装;安装后应随手将接口处多余的油麻清理干净;严格执行规范,将水龙带折挂在挂钉上或卷在卷盘上,加强对消防设施的保护和管理,对有碍使用的应及时维护与修理。

(十)管道支架制作安装不合格

(1)现象:支架制作粗糙,切口不平整,有毛刺;制作支架的型材过小,与所固定的管道不相称;支架抱箍过细与支架本体不匹配;支架固定不牢固。

(2)原因分析:①支架制作下料时,用电气、焊切割,且毛刺未经打磨;②支架不按标准图制作或片面追求省料;③支架埋深不够或墙洞未用水浸润;④支架固定于不能载重的轻质墙上。

(3)防治措施:①制作支架下料应采用锯割,尽量不采用电、气焊切割,并用砂轮或锉刀打去毛刺。②支架应严格按照标准图制作,不同管径的管道应选用相应规格的型材,管箍也应与支架配套。③埋设支架前,应用水充分湿润墙洞。支架的埋深根据支架的种类而定(一般为100~220 mm),埋设支架时,墙洞须用水泥砂浆或细石混凝土捣实。④轻质墙上的支架应视轻质墙的材质加工特殊支架,如对夹式支架等。

(十一)立管距墙过远或半明半暗

(1)现象:立管距墙过远,占据有效空间;立管嵌于抹灰层中,半明半暗,影响美观,不便检修。

(2)原因分析:①出于设计原因,多层建筑同一位置的各层墙体不在同一轴线上;②施工中技术变更,墙体移位;③施工放线不准确或施工误差,使多层建筑的同一位置的各层墙体不在同一轴线上;④管道安装未吊通线,管道偏斜。

(3)预防措施:①图纸会审前,应认真核对土建图纸,发现问题及时解决;②土建的施工变更应及时通知安装方面;③土建砌筑墙体时须精确放线,发现墙体轴线压预留管洞或距管洞过远时,应与安装方面联系,找出原因,寻求解决办法;④安装管道时须吊通线。

(4)治理方法:距墙过远的管道采用煨弯或用管件调节距墙距离。

(十二)室内给水系统冲洗不认真

(1)现象:以系统水压试验后的泄水代替管路系统的冲洗试验;不认真填写冲洗试验表,无据可查。

(2)原因分析:①工作不认真,图省事;②规章制度不严。

(3)防治措施:①严格执行规范,在系统水压试验后或交付使用前,必须单独进行管路系统的冲洗试验,达到检验规定;②按冲洗试验表内规定如实填写,归档备查。

(十三)管道交叉敷设

(1)现象:给水管道与其他管道平行和交叉敷设时其平行和交叉的净距不符合要求,或出现严重无净距现象。

(2)原因分析:①工作不认真,图省事;②规章制度不严。

(3)防治措施:①给水引入管与排水排出管的水平净距不得小于 1 m;室内给水与排水管道平行敷设时,两管间的最小水平净距为 500 mm;交叉敷设时,其垂直净距为 150 mm,而且给水管应敷在排水管上面,如果给水管必须敷在排水管下面时,则应加套管,套管长度不应小于排水管径的 3 倍。②煤气管道引入管与给水管道及供热管道的水平距离不应小于 1 m,与排水管道的水平距离不应小于 1.5 m。

(十四)室内水表接口滴漏

(1)现象:湿阴暗处,阀门、配件生锈,不便维修和读数;表壳紧贴墙面安装,表盖不好开启,受污受损,接口滴漏。

(2)原因分析:①安装水表缺乏经验;②安装水表时,未考虑外壳尺寸和使用维修方便;③给水立管距墙面过近或过远;④支管上安装水表时未用乙字弯调整;⑤水表接口不平直,踩踏或碰撞后,接口松动。

(3)防治措施:①安装在潮湿阴暗处或易冻裂、暴晒处的水表,应拆除改装在便于维修和读数,以及不易冻裂、暴晒的干燥部位。②给水立管距墙面过近或过远时,应在水表前的水平管上加设两个 45°弯头,使水表外壳与墙面保持 10 ~ 30 mm 净距,距地面 0.6 ~ 1.2 m 高度。③水表接口不平直、有松动,应拆开重装,使水表接口平直,垫好橡胶圈,用锁紧螺母锁紧接口,表面清理干净;严禁踩踏或碰撞。

(十五)配水管安装不平正

(1)现象:配水管、配水支管安装通水试验后,有拱起、塌腰、弯曲等现象。

(2)原因分析:①管道在运输、堆放和装卸中产生弯曲变形;②管件偏心,壁厚不一,丝扣偏斜;③支吊架间距过大,管道与吊支架接触不紧密,受力不均。

(3)防治措施:①管道在装卸、搬运中应轻拿轻放,不得野蛮装卸或受重物挤压,在仓库应按材质、型号、规格、用途,分门别类地挂牌,堆放整齐。②喷淋消防管道必须按设计挑选优质管材、管件、直管安装,不得用偏心、偏扣、壁厚不均的管件施工;如出现拱起、塌腰或弯曲现象,应拆除,更换直管和管件,重新安装。③配水管支、吊架设置和排列,应根据管道标高、坡高弹好线,确定支架间距,埋设安装牢固,接触紧密,外形美观整齐,若支架间距偏大,接触不紧密时,需拆除重新调整安装。④管子直径大于或等于 50 mm 时,每段配水管设置防晃支架应不少于 1 个,在管道起端、末端及拐弯改变方向处,均应增设防晃支架。⑤配水横管应有 3‰ ~ 5‰的坡度向排水管或泄水阀,不得倒坡。

二、室内给水系统安装质量标准及检验方法

（一）一般规定

（1）给水管道必须采用与管材相适应的管件。生活给水系统所涉及的材料必须达到饮用水卫生标准。

（2）管径小于或等于 100 mm 的镀锌钢管应采用螺纹连接，套丝扣时破坏的镀锌层表面及外露螺纹部分应做防腐处理；管径大于 100 mm 的镀锌钢管应采用法兰或卡套式专用管件连接，镀锌钢管与法兰的焊接处应二次镀锌。

（3）给水塑料管和复合管可以采用橡胶圈接口、黏结接口、热熔连接、专用管件连接及法兰连接等形式。塑料管和复合管与金属管件、阀门等的连接应使用专用管件连接，不得在塑料管上套丝。

（4）给水铸铁管管道应采用水泥捻口或橡胶圈接口方式进行连接。

（5）铜管连接可采用专用接头或焊接，当管径小于 22 mm 时宜采用承插或套管焊接，承口应迎介质流向安装；当管径大于或等于 22 mm 时，宜采用对口焊接。

（6）给水立管和装有 3 个或 3 个以上配水点的支管始端，均应安装可拆卸的连接件。

（7）冷、热水管道同时安装时应符合下列规定：①上、下平行安装时热水管应在冷水管上方；②垂直平行安装时热水管应在冷水管左侧。

（二）给水管道及配件安装

（1）主控项目：①室内给水管道的水压试验必须符合设计要求。当设计未注明时，各种材质的给水管道系统试验压力均为工作压力的 1.5 倍，但不得小于 0.6 MPa。检验方法：金属及复合管给水管道系统在试验压力下观测 10 min，压力降不应大于 0.02 MPa，然后降到工作压力进行检查，应不渗不漏；塑料管给水系统应在试验压力下稳压 1 h，压力降不得超过 0.05 MPa，然后在工作压力的 1.15 倍状态下稳压 2 h，压力降不得超过 0.03 MPa，同时检查各连接处不得渗漏。②给水系统交付使用前必须进行通水试验并做好记录。检验方法：观察和开启阀门、水嘴等放水。③生产给水系统管道在交付使用前必须冲洗和消毒，并经有关部门取样检验，符合 GB 5749—2006《生活饮用水卫生标准》方可使用。检验方法：检查有关部门提供的检测报告。④室内直埋给水管道（塑料管道和复合管道除外）应做防腐处理。埋地管道防腐层材质和结构应符合设计要求。检验方法：观察或局部解剖检查。

（2）一般项目：①给水引入管与排水排出管的水平净距不得小于 1 m。室内给水与排水管道平行敷设时，两管间的最小水平净距不得小于 0.5 m，交叉铺设时，垂直净距不得小于 0.15 m。给水管应铺在排水管上面，若给水管必须铺在排水管的下面，给水管应加套管，其长度不得小于排水管管径的 3 倍。检验方法：尺量检查。②管道及管件焊接的焊缝表面质量应符合下列要求：焊缝外形尺寸应符合图纸和工艺文件的规定，焊缝高度不得低于母材表面，焊缝与母材应圆滑过渡；焊缝及热影响区表面应无裂纹、未熔合、未焊透、夹渣、弧坑和气

孔等缺陷。检验方法:观察检查。③给水管道应有 2‰~5‰的坡度坡向泄水装置。检验方法:水平尺和尺量检查。④管道的支、吊架安装应平整牢固,其间距应符合 GB 50242—2002《建筑给水排水及采暖工程施工质量验收规范》的有关规定。检验方法:观察、尺量及手扳检查。⑤水表应安装在便于检修、不受暴晒、污染和冻结的地方。安装螺翼式水表,表前与阀门应有不小于 8 倍水表接口直径的直线管段。表外壳距墙表净距为 10~30 mm;水表进水口中心标高按设计要求,允许偏差为±10 mm。检验方法:观察和尺量检查。

(三)室内消火栓系统安装

1. 主控项目

室内消火栓系统安装完成后应取屋顶层(或水箱间内)试验消火栓和首层取两处消火栓做试射试验,达到设计要求为合格。

检验方法:实地试射检查。

2. 一般项目

(1)安装消火栓水龙带,水龙带与水枪和快速接头绑扎好后,应根据箱内构造将水龙带挂放在箱内的托盘或支架上。

检验方法:观察检查。

(2)箱式消火栓的安装应符合下列规定:栓口应朝外,且不应安装在门轴侧;栓口中心距地面为 1.1 m,允许偏差±20 mm;阀门中心距箱侧面为 140 mm,距箱后内表面为 100 mm,允许偏差±5 mm;消火栓箱体安装的垂直度允许偏差为 3 mm。

检验方法:观察和尺量检查。

(四)给水设备安装

1. 主控项目

(1)水泵就位前的基础混凝土强度、坐标、标高、尺寸和螺栓孔位置必须符合设计规定。

检验方法:对照图纸用仪器和尺量检查。

(2)水泵试运转的轴承温升必须符合设备说明书的规定。

检验方法:温度计实测检查。

(3)敞口水箱的满水试验和密闭水箱(罐)的水压试验必须符合设计与 GB 50242—2002《建筑给水排水及采暖工程施工质量验收规范》的规定。

检验方法:满水试验静置 24 h 观察,不渗不漏;水压试验在试验压力下 10 min 压力不降,不渗不漏。

2. 一般项目

(1)水箱支架或底座安装,其尺寸及位置应符合设计规定,埋设平整牢固。

检验方法:对照图纸,尺量检查。

(2)水箱溢流管和泄放管应设置在排水地点附近,但不得与排水管直接连接。

检验方法:观察检查。

(3)立式水泵的减振装置不应采用弹簧减振器。

检验方法:观察检查。

三、室内排水管道安装

除了高层建筑外,传统的排水铸铁管因笨重、管壁不光滑、外形不美观而逐渐被管壁光滑、外形美观的硬聚氯乙烯排水管(PVC-U 管)所取代。PVC-U 管的连接方法有两种:承插黏结和胶圈连接。

(一)地下埋设管道漏水

(1)现象:排水管道渗漏处的地面、墙角缝隙部位返潮,埋设在地下室顶板与 1 层地面内的排水管道渗漏处附近(地下室顶板下部)还会看到渗水现象。

(2)原因分析:①施工程序不对,窨井或管沟的管段埋设过早,土建施工时损坏该管段;②管道支墩位置不合适,在回填土夯实时,管道因局部受力过大而被破坏,或接口处活动而产生缝隙;③预制铸铁管段时,接口养护不认真,搬动过早,致使接口活动,产生缝隙;④PVC-U 管下部有尖硬物或浅层覆土后即用机械夯打,造成管道损坏;⑤冬期施工时,铸铁管道接口保温养护不好,管道水泥接口受冻损坏;⑥冬期施工时,没有认真排出管道内的积水,造成管道或管件冻裂;⑦管道安装完成后未认真进行闭水试验,未能及时发现管道和管件的裂缝和砂眼以及接口处的渗漏。

(3)预防措施:①埋地管段宜分段施工,第一段先做正负零以下室内部分,至伸出外墙为止;待土建施工结束后,再铺设第二段,即把伸出外墙处的管段接入窨井或管沟。②管道支墩要牢靠,位置要合适,支墩基础过深时应分层回填土,回填时严防直接撞压管道。③铸铁管段预制时,要认真做好接口养护,防止水泥接口活动。④PVC-U 管下部的管沟底面应平整,无凸出的尖硬物,并应做 10~15 cm 的细砂或细土垫层。管道上部 10 cm 应用细砂或细土覆盖,然后分层回填,人工夯实。⑤冬期施工前应注意排出管道内的积水,防止管道内结冰。⑥严格按照施工规范进行管道闭水试验,认真检查是否有渗漏现象。如果发现问题,应及时处理。

(4)治理方法:查看竣工图,弄清管道走向和管道连接方式,判定管道渗漏位置,挖开地面进行修理,并认真进行灌水试验。

(二)PVC-U 管穿板处漏水

(1)现象:易产生积水的房间,积水通过 PVC-U 管穿板处渗漏。

(2)原因分析:①房间未设置地漏,使积水不能排走;②地坪找坡时未坡向地漏,使积水不能排走;③因 PVC-U 管管壁光滑,补管洞时未按程序,又未采取相应的技术措施,使管外壁与楼板结合不紧密,形成渗漏。

(3)防治措施:①易产生积水的房间,如厨房、厕所等,应设置地漏;②地坪应严格找坡,坡向地漏,坡度以1%为宜;③PVC-U管穿板处的固定,应在管外壁黏结与管道同材质的止水环,补洞浇筑细石混凝土分两次进行,细心捣实。与细石混凝土接触的管外壁可刷胶黏剂再涂抹细砂。PVC-U管穿板处如不固定,应设置钢套管,套管底部与板底平,上端高出板面2 cm,管周围用油麻嵌实,套管上口用沥青油膏嵌缝。

(三)排水管道堵塞

(1)现象:管道通水后,卫生器具排水不通畅。

(2)原因分析:①管道甩口封堵不及时或方法不当,造成水泥砂浆等杂物掉入管道中;②卫生器具安装前没有认真清理掉入管道内的杂物;③管道安装时,没有认真清除管膛杂物;④管道安装坡度不均匀,甚至局部倒坡;⑤管道接口零件使用不当,造成管道局部阻力过大。

(3)预防措施:①及时堵死封严管道的甩口,防止杂物掉进管膛。②卫生器具安装前认真检查原甩口,并掏出管内杂物。③管道安装时认真疏通管膛,除去杂物。④保持管道安装坡度均匀,不得有倒坡。⑤生活排水管道标准坡度应符合规范规定。无设计规定时,管道坡度应不小于1%。⑥合理使用零件。地下埋设铸铁管道应使用TY和Y形三通,不宜使用T形三通;水平横管避免使用四通;排水出墙管及平面清扫口需用两个45°弯头连接,以便流水通畅。⑦最低排水横支管与立管连接处至排出管管底的垂直距离不宜小于规定的距离。⑧交工前,排水管道应做通球试验,卫生器具应做通水检查。⑨立管检查口和平面清扫口的安装位置应便于维修操作。⑩施工期间,卫生器具的存水弯丝堵最好缓装,以减少杂物进入管道内。

(4)治理方法:查看竣工图,打开地坪清扫口破坏管道拐弯处,用更换零件方法解决管道严重堵塞问题。

(四)排水管道甩口不准

(1)现象:在继续安装立管时,发现原管道甩口不准。

(2)原因分析:①管道层或地下埋设管道的甩口未固定好;②施工时对管道的整体安排不当,或者对卫生器具的安装尺寸了解不够;③墙体与地面施工偏差过大,造成管道甩口不准。

(3)预防措施:①管道安装后要垫实,甩口应及时固定牢靠;②在编制施工方案时,要全面安排管道的安装位置,及时了解卫生器具的规格尺寸,关键部位应做样板交底;③与土建密切配合,随时掌握施工进度,管道安装前要注意隔墙位置和基准线的变化情况,发现问题及时解决。

(4)治理方法:挖开管道甩口周围地面,对钢管排水管道可采用改换零件或煨弯的方法;对铸铁排水管道可采用重新检口方法,修改甩口位置尺寸。

（五）PVC-U 管变形、脱落

（1）现象：温差变化较大处，PVC-U 管安装完成一段时间后，发生直管弯曲、变形甚至脱落。

（2）原因分析：管的线膨胀系数较大，为钢管的 5～7 倍。采用承插黏结的 PVC-U 管，如果未按规范要求安装伸缩器，或伸缩器安装不符合规定，在温差变化较大时，PVC-U 管的热胀冷缩得不到补偿，就会发生弯曲变形甚至脱落。

（3）防治措施：①在温差变化较大处，选用胶圈连接的 PVC-U 管；②使用承插黏结的 PVC-U 管以立管每层或每 4 m 安装一个伸缩器，横管直管段超过 2 m 时应设伸缩器；③安装伸缩器时，管段插入伸缩器处应预留间隙。夏季安装间隙为 5～15 mm；冬季安装间隙为 10～20 mm。

（六）承插式排水铸铁管接口漏水

（1）现象：承插式排水铸铁管水泥或石棉水泥接口不按程序操作，打灰前不加麻，水泥或石棉水泥掉入管中，形成堵管隐患；立管和支管接口抹稀灰，或根本忘记对该处接口进行处理，通水时才发现漏水严重。

（2）原因分析：①承包人对工程质量不负责，以普通工代替技工，且不对其进行必要的安全技术教育和技术培训，操作工人素质低下，不懂施工验收规范和技术操作规程；②片面追求进度，赶工期，违背了操作规程，又缺乏有效的质量监督；③北方冬期施工捻口时，没有采取防冻措施，捻口的石棉水泥冻裂。

（3）预防措施：①操作工人应有上岗证，不能以普通工代替技工。②加强自检、互检，建立必要的质量奖惩制度。③必须严格按照操作程序进行操作，排水铸铁管的水泥或石棉水泥承插接口应先填麻，再打水泥或石棉水泥。水泥或石棉水泥的作用是压紧麻，同时也有一定的防渗透能力。用麻錾填入，头两层为油麻，最后一层为白麻（因白麻和水泥的亲和性较好），填麻时用麻錾、手锤打实，打实后的麻层深度为承口环形间隙深度的 1/4～1/3 为宜。填麻完成后再分层填入水泥或石棉水泥，用麻錾和手锤层层打实。捻口须密实、饱满，环缝间隙均匀，填料凹入承口边缘不大于 5 mm，最后用湿草绳或草袋对承口进行养护，养护时间的长短根据季节而定。④冬期施工时应认真采取保温防冻措施。

（4）治理方法：按操作程序处理不合格的管道接口，或拆除接口不合格的管道重新安装。

（七）灌水试验不认真，质量不合格

（1）现象：灌水不及时，灌水人员、检查人员不全，灌水试验记录填写不及时、不准确、不完整；胶囊卡住；胶囊封堵不严，放水时胶囊被冲走。

（2）原因分析：①未按施工程序进行，未等灌水就匆忙隐蔽；②在有关人员未到齐的情况下匆匆进行灌水试验；③当时不记录，事后追忆补记或未由专业人员填写记录；④用于封堵的胶囊保管不善，存放时间过长，且未涂擦滑石粉；⑤发现胶囊封堵不严也未及时放气、调整；⑥胶管与胶囊接口未扎紧。

（3）防治措施：①应严格按施工程序进行，坚持不灌水不得隐蔽，严禁进入下一道工序；

②在灌水试验时,应参加检查的有关人员不能参加时,水试灌水试验记录表应由专人填写,技术部门对有关资料应定期检查;③封堵用胶囊保存时应涂擦滑石粉;④胶囊在管内避开接口处,发现封堵不严时可放气,待调整好位置后再充气;⑤胶囊与胶管接口处应绑扎紧密。

(八)楼道、水表井内及下沉式卫生间沉箱底部积水

(1)现象:楼道里、水表井内积水,下沉式卫生间沉箱底部积水。

(2)原因分析:设计有缺陷,水表井内空间不够。

(3)防治措施:①图纸会审前须熟悉图纸,及时提出问题;②地漏标高应正确,严禁抬高地漏标高;③卫生间施工必须先做样板间,验收合格后,才能大面积施工。

(九)生活污水管内污物、臭气不能正常排放

(1)现象:生活污水立管、透气管内污物(水)、臭气排放受阻。

(2)原因分析:①排水铸铁管安装前管内砂粒、毛刺未除尽。②立管与横管、排出管连接用正三(四)通和直角90°弯头,局部阻力大;排水立管和通气管管径偏小;检查口或清扫口设置数量不够,安装位置不当。③多层排水立管接入的排水支管上卫生器具多,未设辅助透气管或未用排气管,立管内形成水塞流,存水弯遭破坏;高层建筑污水立管与通气管之间未设联通管或环状通气管,立管气压不正常,换气不平衡,管内臭气不能顺利排入大气。

(3)防治措施:如发生以上问题,可剔开接口,更换不符合要求的管件,增设辅助透气管或联通管,使排污、排气正常。在施工中还应注意以下几点:①卫生器具排水管应采用90°斜三通;横管与横管(立管)的连接,应采用45°或90°斜三(四)通,不得用正三(四)通,立管与排出管连接,应采用两个45°弯头或弯曲半径不小于4倍管径的90°弯头。②排水横管应直线连接,少拐弯,排水立管应设在靠近杂物最多及排水量最大的排水点。③排水管和透气管尽量采用硬聚氯乙烯管及管件安装,用排水铸铁管时应将管内砂粒、毛刺、杂物除尽。④排污立管应每隔两层设一检查口,并在最低层、最高层和乙字弯上部设检查口,其中心距地面为1 m,朝向要便于清通维修;在连接两个或两个以上大便器或三个卫生器具以上的污水横管时,应设置清扫口,当污水管在楼板下悬吊敷设时,清扫口应设在上层楼面上。污水管起点的清扫口,与墙面距离不小于400 mm。⑤存水弯内壁要光滑,水封深度50～100 mm为宜。⑥通气管必须伸出屋顶0.3 m以上,并不小于最大积雪厚度,如为上人屋面,应伸出屋顶1.2 m以上。⑦高层、超高层建筑的排水、排气、排污系统设计比较复杂,必须由熟悉设计和施工的人认真组织施工,保证施工质量。

四、室内排水系统安装质量标准及检验方法

(一)一般规定

(1)生活污水管道应使用塑料管、铸铁管或混凝土管。

(2)雨水管道宜使用塑料管、铸铁管、镀锌钢管或混凝土管等。

(3)悬吊式雨水管道宜使用钢管、铸铁管或塑料管。易受振动的雨水管道应使用钢管。

(二)排水管道及配件安装

1. 主控项目

(1)隐蔽或埋地的排水管道在隐蔽前必须做灌水试验,其灌水高度应不低于底层卫生器具的上边缘或底层地面高度。

检验方法:满水 15 min 水面下降后,再灌满观察 5 min,液面不降,管道及接口无渗漏为合格。

检验方法:水平尺、拉线尺量检查。

(2)生活污水塑料管道的坡度必须符合设计的规定。

检验方法:水平尺、拉线尺量检查。

(3)排水塑料管必须按设计要求及位置装设伸缩节。如设计无要求时,伸缩节间距不得大于 4 m。高层建筑中明设排水塑料管道应按设计要求设置阻火圈或防火套管。

检验方法:观察检查。

(4)排水主立管及水平干管管道均应做通球试验,通球球径不小于 2/3,通球率必须达到 100%。

检查方法:通球检查。

2. 一般项目

(1)在生活污水管道上设置的检查口或清扫口,当设计无要求时,应符合下列规定:①在立管上应每隔一层设置一个检查口,但在最底层和有卫生器具的最高层必须设置。如为两层建筑时,可仅在底层设置立管检查口;如有乙字弯管时,则在该层乙字弯管的上部设置检查口。检查口中心高度距操作地面一般为 1 m,允许偏差±20 mm;检查口的朝向应便于检修。暗装立管,在检查口处应安装检修门。②在连接 2 个及 2 个以上大便器或 3 个及 3 个以上卫生器具的污水横管上应设置清扫口。当污水管在楼板下悬吊敷设时,可将清扫口设在上一层楼地面上,污水管起点的清扫口与管道相垂直的墙面距离不得小于 200 mm;若污水管起点设置堵头代替清扫口,与墙面距离不得小于 400 mm。③在转角小于 135°的污水横管上,应设置检查口或清扫口。④污水横管的直线管段,应按设计要求的距离设置检查口或清扫口。

检验方法:观察和尺量检查。

(2)埋在地下或地板下的排水管道的检查口,应设在检查井内。井底表面标高与检查口的法兰相平,井底表面应有 5% 坡度的坡向检查口。

检验方法:尺量检查。

(3)金属排水管道上的吊钩或卡箍应固定在承重结构上。固定件间距:横管不大于 2 m;立管不大于 3 m。楼层高度小于或等于 4 m,立管可安装 1 个固定件。立管底部的弯管处应设支墩或采取固定措施。

检验方法:观察和尺量检查。

(4)排水塑料管道支、吊架间距应符合规定。

检验方法:尺量检查。

(5)排水通气管不得与风道或烟道连接,且应符合下列规定:①通气管应高出屋面300 mm,但必须大于最大积雪厚度;②在通气管出口4 m以内有门、窗时,通气管应高出门、窗顶600 mm或引向无门、窗一侧;③在经常有人停留的平屋顶上,通气管应高出屋面2 m,并应根据防雷要求设置防雷装置;④屋顶有隔热层从隔热层板面算起。

检验方法:观察和尺量检查。

(6)安装未经消毒处理的医院含菌污水管道,不得与其他排水管道直接连接。

检验方法:观察检查。

(7)饮食业工艺设备引出的排水管及饮用水水箱的溢流管,不得与污水管道直接连接,并应留出不小于100 mm的隔断空间。

检验方法:观察和尺量检查。

(8)通向室外的排水检查井的排水管,穿过墙壁或基础必须下返时,应采用45°三通和45°弯头连接,并应在垂直管段顶部设置清扫口。

检验方法:观察和尺量检查。

(9)由室内通向室外排水检查井的排水管,井内引入管应高于排出管或两管顶相平,并有不小于90°的水流转角,如跌落差大于300 mm,可不受角度限制。

检验方法:观察和尺量检查。

(10)用于室内排水的室内管道、水平管道与立管的连接,应采用45°三通或45°四通和90°斜三通或90°斜四通。立管与排出管端部的连接,应采用两个45°弯头或曲率半径不小于4倍管径的90°弯头。

检验方法:观察和尺量检查。

(11)室内排水管道安装的允许偏差应符合相关规定。

五、室内卫生器具安装

室内卫生器具安装的基本要求是牢固美观,给排水支管的预留接口尺寸准确,与卫生器具连接紧密。这就要求在施工中与土建密切配合,按选定的卫生器具做好预留、预埋,杜绝因管道甩口不准等原因造成二次打洞,影响安装以致整个建筑工程的质量。

(一)大便器与排水管连接处漏水

(1)现象:大便器使用后,地面积水、墙壁潮湿,甚至在下层顶板和墙壁也出现潮湿滴水现象。

(2)原因分析:①排水管甩口高度不够,大便器出口插入排水管的深度不够;②蹲坑出口与排水管连接处没有认真填抹严实;③排水管甩口位置不对,大便器出口安装时错位;④大便器出口处裂纹没有检查出来,充当合格产品安装;⑤厕所地面防水处理不好,使上层渗漏水顺管道四周和墙缝流到下层房间;⑥底层管口脱落。

(3)防治措施:①安装大便器排水管时,甩口高度必须合适,坐标应准确并高出地面10 mm;②安装蹲坑时,排水管甩口要选择内径较大、内口平整的承口或套袖,以保证蹲坑出口插入足够的深度,并认真做好接口处理,经检查合格后方能填埋隐蔽;③大便器排出口中心应对正水封存水弯承口中心,蹲坑出口与排水管连接处的缝隙,要用油灰或用1∶5石灰水泥混合灰填实抹平,以防止污水外漏;④大便器安装应稳固、牢靠,严禁出现松动或位移现象;⑤做好厕所地面防水,保证油毡完好无破裂;油毡搭接处和与管道相交处都要浇灌热沥青,周围空隙必须用细石混凝土浇筑严实;⑥安装前认真检查大便器是否完好,底层安装时,必须注意土层夯实,如不能夯实,则应有防止土层沉陷造成管口脱落的措施。

(二)蹲坑上水进口处漏水

(1)现象:蹲坑使用后地面积水、墙壁潮湿,下层顶板和墙壁也往往大面积潮湿和滴水。

(2)原因分析:①蹲坑上水进口连接胶皮碗或蹲坑上水连接处破裂,安装时没有发现;②绑扎蹲坑上水连接胶皮碗使用铁丝,容易锈蚀断裂,使胶皮碗松动;③绑扎蹲坑上水胶皮碗的方法不当,绑得不紧;④施工过程中,蹲坑上水接口处被砸坏。

(3)预防措施:①绑扎胶皮碗前,应检查胶皮碗和蹲坑上水连接处是否完好;②选用合格的胶皮碗,冲洗管应对正便器进水口,蹲坑胶皮碗应使用两道14号铜丝错开绑扎拧紧,冲洗管插入胶皮碗角度应合适,偏转角度不应大于5°;③蹲坑上水连接口应经试水无渗漏后再做水泥抹面;④蹲坑上水接口处应填干砂或装活盖,以便维修。

(4)治理方法:轻轻剔开大便器上水进口处地面,检查连接胶皮碗是否完好,损坏者必须更换。如原先使用铁丝绑扎,须换成铜丝两道错开绑紧。

(三)卫生器具安装不牢固

(1)现象:卫生器具使用时松动不稳,甚至引起管道连接零件损坏或漏水,影响正常使用。

(2)原因分析:①土建墙体施工时,没有预埋木砖;②安装卫生器具所使用的稳固螺栓规格不合适,或终拧不牢固;③卫生器具与墙面接触不够严实。

(3)预防措施:①安装卫生器具宜尽量采取终拧合适的机螺钉;②安装洗脸盆可采用管式支架或圆钢支架。

(4)治理方法:凡固定卫生器具的托架和螺钉不牢固者应重新安装。卫生器具与墙面间的较大缝隙要用水泥砂浆填补饱满。

(四)地漏汇集水效果不好

(1)现象:地漏汇集水效果不好,地面上经常积水。

(2)原因分析:①地漏安装高度偏差较大,地面施工无法弥补;②地面施工时地漏四周的坡度重视不够,造成地面局部倒坡。

(3)预防措施:①地漏的安装高度偏差不得超过允许偏差;②地面要严格遵照基准线施

工,地漏周围要有合理的坡度。

(4)治理方法:将地漏周围地面返工重做。

(五)水泥池槽的排水栓或地漏周围漏水

(1)现象:水泥池槽使用时,附近地面经常存水,致使墙壁潮湿,下层顶板渗漏水。

(2)原因分析:①排水管或地漏周围混凝土浇筑不实,有缝隙;②安装排水栓或地漏时扩大了池槽底部的孔洞,使池槽底部产生裂缝而又没有及时妥善修补。

(3)预防措施:①安装水泥池槽的排水栓或地漏时,其周围缝隙要用混凝土填实,在填灌混凝土前要支好托板,先刷水泥灰浆;②在池槽中安装地漏,地漏周围的孔洞最好用沥青油麻塞实再浇筑混凝土,并做水泥抹面。

(4)治理方法:剔开下水口周围的水泥砂浆,重新支模,用水泥砂浆填实。

(六)卫生器具返水

(1)现象:底层蹲式大便器、地漏等卫生器具返水,污水横溢,严重时甚至波及楼层。

(2)原因分析:①埋地管道堵塞;②埋地管道转弯过多,管线过长,引起排水不畅;③最低排水横支管与立管连接处至排出管管底的距离过小;④通气管堵塞或未设通气管,排水时产生虹吸作用,引起楼层卫生器具存水弯积水,造成水力波动,增加了底部排水管的负担。

(3)预防措施:①埋地排水管道应尽量走直线,窨井或其他排水点布置不能远离排水立管;②排水立管仅设伸顶通气立管时,最低排水横支管与立管连接处至排出管管底的垂直距离不能小于规范所规定的数值;③排水立管应按规定设置通气管。

(4)治理方法:①疏通堵塞的管道;②拆除埋地管道重新安装;③增设通气管。

(七)蹲式大便器排水出口流水不畅或堵塞

(1)现象:蹲式大便器排水出口流水不畅或堵塞,污水从大便器向上返水。

(2)原因分析:①大便器排水管堵塞;②大便器排水管未及时清理。

(3)预防措施:①大便器排水管甩口施工后,应及时封堵,存水弯、丝堵应后安装;②排水管承口内抹油灰不宜过多,不得将油灰丢入排水管内,溢出接口外的油灰应随即清理干净;③防止土建施工厕所或冲洗时将砂浆、灰浆流入,落入大便器排水管内;④大便器安装后,随即将出水口堵好,把大便器覆盖保护好。

(4)治理方法:用胶皮碗反复抽吸大便器出水口;打开蹲式大便器存水弯、丝堵或检查孔,把杂物取出;也可打开排水管检查口或清扫口,敲打堵塞部位,用竹片或疏通器、钢丝疏通。

(八)浴盆安装质量缺陷

(1)现象:浴盆排水管、溢水管接口渗漏,浴盆排水管与室内排水管连接处漏水;浴盆排水受阻,并从排水栓向盆内冒水;浴盆放水排不尽,盆底有积水。

(2)原因分析:①浴盆安装后,未做盛水和灌水试验;②溢水管和排水管连接不严,密封垫未放平,锁母未锁紧或浴盆排水出口与室内排水管未对正,接口间隙小,填料不密实,盆底排水坡度小,中部有凹陷;③排水甩口、浴盆排水栓口未及时封堵;④浴盆使用后,浴布等杂物流入栓内堵塞管道。

(3)预防措施:①浴盆溢水、排水连接位置和尺寸应根据浴盆或样品确定,量好各部尺寸再下料;②浴盆及配管应按样板卫生间的浴盆质量和尺寸进行安装;③浴盆排水栓及溢水管、排水管接头要用橡皮垫、锁母拧紧,浴盆排水管接至存水弯或多用排水器短管内应有足够的深度,并用油灰将接口打紧抹平;④浴盆挡墙砌筑前,灌水试验必须符合要求;⑤浴盆安装后,排水栓应临时封堵,并覆盖浴盆,防止杂物进入。

(4)治理方法:若溢水管、排水管或排水栓等接口漏水,应打开浴盆检查门或排水栓接口,修理漏点;若堵塞,应从排水管存水弯检查口(孔)或排水栓口清通;盆底积水,应将浴盆底部抬高,加大浴盆排水坡度,用砂子把凹陷部位填平,排尽盆底积水。

(九)地漏安装质量缺陷

(1)现象:地漏偏高,地面积水不能排除;地漏周围渗漏。

(2)原因分析:①安装地漏时,对地坪标高掌握不准,地漏高出地面;②地漏安装后,周围空隙未用细石混凝土灌实严密;③土建未根据地漏找坡,出现倒坡。

(3)防治措施:①找准地面标高,降低地漏高度,重新找坡,使地漏略低于周围地面,并做好防水层;②剔开地漏周围漏水的地面,支好托板,用水冲洗孔隙,再用细石混凝土灌入地漏周围孔隙中,并仔细捣实;③根据墙体地面红线,确定地面竣工标高,再按地面设计坡高,计算出距地漏最远的地面边沿至地漏中心的坡降,使地漏顶面标高低于地漏周围地面 5 mm;④地面找坡时,严格按基准线和地面设计坡度施工,使地面泛水坡向地漏,严禁倒坡;⑤地漏安装后,用水平尺找平地漏上沿,临时稳固好地漏,在地漏和楼板下支设托板,并用细石混凝土均匀灌入周围孔隙并捣实,再做好地面防水层。

六、室内卫生器具安装质量标准及检验方法

(一)一般规定

(1)卫生器具的安装应采用预埋螺栓或膨胀螺栓安装固定。

(2)卫生器具安装高度如设计无要求时,应符合规定。

(3)卫生器具给水配件的安装高度如设计无要求时,应符合规定。

(二)卫生器具安装

1.主控项目

(1)排水栓和地漏的安装应平正、牢固,低于排水表面,周边应无渗漏。地漏水封高度不得小于 50 mm。

检验方法:试水观察检查。

(2)卫生器具交工前应做满水和通水试验。

检验方法:满水后各连接件不渗不漏;通水试验给、排水畅通。

2. 一般项目

(1)卫生器具安装的允许偏差应符合规定。

(2)有饰面的浴盆,应留有通向浴盆排水口的检修门。

检验方法:观察检查。

(3)小便槽。冲、洗管应采用镀锌钢管或硬质塑料管。冲洗孔应斜向下方安装,冲洗水流同墙面成45°。物管钻孔后应进行二次锻锌。

检验方法:观察检查。

(4)卫生器具的支、托架必须防腐良好,安装平整、牢固,与器具接触紧密、平稳。

检验方法:观察和手扳检查。

(三)卫生器具给水配件安装

1. 主控项目

卫生器具给水配件应完好无损伤,接口严密,启闭部分灵活。

检验方法:观察及手扳检查。

2. 一般项目

(1)卫生器具给水配件安装标高的允许偏差应符合规定。

(2)浴盆软管淋浴器挂钩的高度,如设计无要求,应距地面1.8 m。

检验方法:尺量检查。

(四)卫生器具排水管道安装

1. 主控项目

(1)排水横管连接的各卫生器具的受水口和立管均应采取妥善可靠的固定措施;管道与楼板的接合部位应采取牢固可靠的防渗、防漏措施。

检验方法:观察和手扳检查。

(2)连接卫生器具的排水管道接口应紧密不漏,其固定支架、管卡等支撑位置应正确、牢固,与管道的接触应平整。

检验方法:观察及通水检验。

2. 一般项目

(1)卫生器具排水管道安装的允许偏差应符合规定。

(2)连接卫生器具的排水管管径和最小坡度,如设计无要求时,应符合规定。

检验方法:用水平尺和尺量检查。

七、室内采暖管道安装

采暖管道一般使用钢管,热水采暖管道应使用镀锌钢管,管径小于或等于 32 mm 宜采用螺纹连接,管径大于 32 mm 宜采用焊接或法兰连接。热水管道要注意排出管内空气,蒸汽管道须在低处泄水,这样才能保证采暖管网的正常运行。因此采暖管道必须严格按照设计图纸或规范要求的坡度进行安装。管道变径也应视热媒介质和流向的不同采用相应的变径管。

(一)干管坡度不适当

(1)现象:暖气干管坡度不均匀或倒坡,导致局部存水,影响水、气的正常循环,从而使管道某些部位温度骤降,甚至不热,还会产生水击声响,破坏管道及设备。

(2)原因分析:①管道安装时未调直;②管道安装后,穿墙处堵洞时,其标高出现变动;③管道的托、吊卡间距不合适,造成管道局部塌腰。

(3)预防措施:①管道焊接最好采取转动焊,整段管道经调直后再焊固定口,并按设计要求找好坡度;②管道变径处按设计图纸进行参数化下料与精细化制作;③管道穿墙处堵洞时,要检查管道坡度是否合适,并及时调整;④管道托、吊卡的间距应符合设计要求。

(4)治理方法:剔开管道过墙处并拆除管道支架,调直管道,调整管道过墙洞和支架标高,使管道坡度适当。

(二)采暖干管三通甩口不准

(1)现象:干管的立管甩口距墙尺寸不一致,造成干管与立管的连接支管打斜,立管距墙尺寸也不一致,影响工程质量。

(2)原因分析:①测量管道甩口尺寸时,使用工具不当,例如使用皮卷尺,误差较大;②土建施工中,墙轴线允许偏差较大。

(3)预防措施:①干管的立管甩口尺寸应在现场用钢卷尺实测实量;②各工种要共同严格按设计的墙轴线施工,统一允许偏差。

(4)治理方法:使用弯头零件或者修改管道甩口的长度,调整立管距墙的尺寸。

(三)采暖干管的支、托架失效

(1)现象:管道的固定支架与活动支架不能相应地起到固定、滑动管道的作用,影响暖气管道的合理伸缩,导致管道或支、托架损坏。

(2)原因分析:①固定支架没有按规定焊装挡板;②活动支架的 U 形卡两端套丝并拧紧了螺母,使活动支架失效。

(3)防治措施:①固定支架应按规定焊装止动板,阻止管道不应有的滑动;②活动支架的

U 形卡应一端套丝，并安装两个螺母；另一端不套丝，插入支架的孔眼中，保证管道自由滑动；③型钢支架应用台钻打眼，不应用气焊刺眼，以保证孔眼合适。

（四）暖气立管上的弯头或支管甩口不准

（1）现象：连接散热器的支管坡度不一致，甚至倒坡，从而导致散热器窝风，影响正常供热。

（2）原因分析：①测量立管时，使用工具不当，测量偏差较大；②各组散热器连接支管长度相差较大时，立管的支管开挡采取同一尺寸，造成支管短的坡度大，支管长的坡度小；③地面施工的标高偏差较大，导致立管原甩口不合适。

（3）预防措施：①测量立管尺寸最好使用木尺杆，并做好记录；②立管的支管开挡尺寸要适合支管的坡度要求，一般支管坡度以 1% 为宜；③为了减少地面施工标高偏差的影响，散热器应尽量挂装；④地面施工应严格遵照基准线，保证其偏差不超出安装散热器要求的范围。

（4）治理方法：拆除立管，修改立管的支管预留口之间长度。

（五）采暖管道诸塞

（1）现象：暖气系统在使用中，管道堵塞或局部堵塞。在寒冷地区，往往还会使系统局部受冻损坏。

（2）原因分析：①管道加热煨弯时，遗留在管道中的砂子未清理干净；②用砂轮锯等机械断管时，管口的飞刺没有去掉；③铸铁散热器内遗留的砂子清理得不干净；④安装管道时，管口封堵不及时或不严密，有杂物进入；⑤管道气焊开口方法不当，铁渣掉入管内，没有及时取出；⑥新安装的暖气系统没有按规定进行冲洗，大量污物没有排出；⑦管道“气塞”，即上下返弯处未装设放气阀门；⑧集气罐失灵，系统末端集气，末端管道和散热器不热。

（3）预防措施：①管材锯断后，管口的飞刺应及时清除干净；②铸铁散热器组对时，应注意把遗留的砂子清除干净；③安装管道时，应及时用临时堵头把管口堵好；④使用管材时，必须做到一敲二看，保证管内通畅；⑤管道气焊开口时落入管中的铁渣应清除干净；⑥管道全部安装后，应按规范规定先冲洗干净再与外线连接；⑦按设计图纸或规范规定，在系统高点安装放气阀；⑧选择合格的集气罐，增设放气管及阀门。

（4）治理方法：首先关闭有关阀门，拆除必要的管段，重点检查管道的拐弯处和阀门是否通畅；针对原因排除管道堵塞。

八、采暖系统安装质量标准及检验方法

（一）一般规定

焊接钢管的连接，管径小于或等于 32 mm 应采用螺纹连接；管径大于 32 mm 采用焊接。

（二）管道及配件安装

1. 主控项目

（1）管道安装坡度，当设计未注明时，应符合下列规定：①气、水同向流动的热水采暖管道和汽、水同向流动的蒸汽管道及凝结水管道，坡度应为3%，不得小于2%；②气、水逆向流动的热水采暖管道和汽、水逆向流动的蒸汽管道，坡度不应小于5%；③散热器支管的坡度应为1%，坡向应利于排气和泄水。

检验方法：观察，水平尺、立尺检查。

（2）补偿器的型号、安装位置及预拉伸和固定支架的构造及安装位置应符合设计要求。

检验方法：对照图纸，现场观察，并查验预拉伸记录。

（3）平衡阀及调节阀型号、规格、公称压力及安装位置应符合设计要求。安装完后应根据系统平衡要求进行调试并做出标志。

（4）蒸汽减压阀和管道及设备上安全阀的型号、规格、公称压力及安装位置应符合设计要求。安装完毕后应根据系统工作压力进行调试，并做出标志。

检验方法：对照图纸查验产品合格证及调试结果证明书。

（5）方形补偿器制作时，应用整根无缝钢管煨制，如需要接口，其接口应设在垂直臂的中间位置，且接口必须焊接。

检验方法：观察检查。

（6）方形补偿器应水平安装，并与管道的坡度一致；如其臂长方向垂直安装，必须设排气及泄水装置。

检验方法：观察检查。

2. 一般项目

（1）热量表、疏水器、除污器、过滤器及阀门的型号、规格、公称压力及安装位置应符合设计要求。

检验方法：对照图纸查验产品合格证。

（2）钢管管道焊口尺寸的允许偏差应符合 GB 50242—2002《建筑给水排水及采暖工程施工质量验收规范》中的规定。

（3）采暖系统入口装置及分户热计量系统入户装置，应符合设计要求。安装位置应便于检修、维护和观察。

检验方法：现场观察。

（4）散热器支管长度超过1.5 m时，应在支管上安装管卡。

检验方法：尺量和观察检查。

（5）上供下回式系统的热水干管变径应顶平偏心连接，蒸汽干管变径应底平偏心连接。

检验方法：观察检查。

（6）在管道干管上焊接垂直或水平分支管道时，干管开孔所产生的钢渣及管壁等废弃物不得残留在管内，且分支管道在焊接时不得插入干管内。

检验方法：观察检查。

(7)膨胀水箱的膨胀管及循环管上不得安装阀门。

检验方法：观察检查。

(8)当采暖介质为110～130 ℃的高温水时，管道采用可拆卸件法兰，不得使用长丝和活接头。法兰垫料应使用耐热橡胶板。

检验方法：观察和查验进料单。

(9)焊接钢管管径大于32 mm的管道转弯，在作为自然补偿时应使用减弯。塑料管及复合管除必须使用直角弯头的场合外，应使用管道直接弯曲转弯。

检验方法：观察检查。

(10)管道、金属支架和设备和防腐和涂漆应附着良好，无脱皮、起泡、流淌和漏涂缺陷。

检验方法：现场观察检查。

(11)采暖管道安装的允许偏差应符合规定。

九、散热器安装

散热器的种类很多，用得最多的是铸铁散热器和钢管散热器。散热器不热、跑气、漏水和安装不牢固是常见安装质量通病。

(一)铸铁散热器漏水

(1)现象：暖气系统在使用期间，散热器接口处或有砂眼处渗漏水，影响使用。

(2)原因分析：①散热器质量不好，对口不平，丝扣不合适以及严重存在蜂窝、砂眼；②散热器单组水压试验的压力和时间未满足规范规定，造成渗漏水隐患；③散热器片数过多，搬运方法不当，使散热器接口处产生松动和损坏。

(3)预防措施：①散热器在组对前应进行外观检查，选用质量合格的进行组对。②散热器组对后，应按规范规定认真进行水压试验，发现渗漏及时修理。③散热器组对时，应使用石棉纸垫。石棉纸垫可浸机油，随用随浸。不得使用麻垫或双层垫。④20片以上的散热器应加外拉条。多片散热器搬运时宜立放。如平放时，底面各部位必须受力均匀，以免接口处受折，造成漏水。

(4)治理方法：用炉片钥匙继续紧炉片连接箍，或更换坏炉片和炉片连接箍。

(二)铸铁散热器安装不牢固

(1)现象：散热器安装后，接口处松动、漏水。

(2)原因分析：①挂装散热器的托钩、炉卡不牢，托钩强度不够，散热器受力不均；②落地安装的散热器腿片着地不实或者垫得过高不牢。

(3)预防措施：①散热器钩卡入墙深度不得小于12 cm，堵洞应严实，钩卡的数量应符合规范规定；②落地安装的散热器的支腿均应落实，不得使用木垫加垫，必须用铅垫。断腿的散热器应予更换或妥善处理。

(4)治理方法:按规定重新安装散热器或其钩卡。

(三)部分散热器不热

(1)现象:热网启动后,部分散热器不热。

(2)原因分析:①水力不平衡,距热源远的散热器因管网阻力大而热媒分配少,导致散热器不热;②散热器未设置跑风门或跑风门位置不对,以致散热器内空气难以排出而影响散热;③蒸汽采暖的疏水器选择不当,因而造成介质流通不畅,使散热器达不到预期效果;④管道堵塞;⑤管道坡度不当,影响介质的正常循环。

(3)防治措施:①设计时应做好水力计算,管网较大时宜做同程式布置,而不宜采用异程式。②散热器应正确设置跑风门。如为蒸汽采暖,跑风门的位置应在距底部1/3处;如为热水采暖,跑风门的位置应在上部。③疏水器的选用不仅要考虑排水量,还要根据压差选型,否则容易漏气,破坏系统运行的可靠性,或者疏水器失灵,凝结水不能顺利排出。④对于散热器支管,进管应坡向散热器,出管应坡向干管,坡度宜为1%。

十、室内采暖设备安装质量标准及检验方法

(一)主控项目

(1)散热器组对后,以及整组出厂的散热器在安装之前应做水压试验。试验压力如设计无要求时,应为工作压力的1.5倍,但不小于0.6 MPa。

检验方法:试验时间为2～3 min,压力不降且不渗不漏。

(2)水泵、水箱、热交换器等辅助设备安装的质量检验与验收应按GB 50242—2002《建筑给水排水及采暖工程施工质量验收规范》的相关规定执行。

(二)一般项目

(1)散热器组对应平直紧密,组对后的平直度应符合规定。

(2)组对散热器的垫片应符合下列规定:①组对散热器垫片应使用成品,组对后垫片外露不应大于1 mm;②散热器垫片材质当设计无要求时,应采用耐热橡胶。

检验方法:观察和尺量检查。

(3)散热器支架、托架安装,位置应准确,埋设牢固,其数量应符合设计或产品要求。如设计未注明时,则应符合规定。

(4)铸铁或钢制散热器表面的防腐及涂漆应附着良好,色泽均匀,无脱落、起泡、流淌和漏涂缺陷。

检验方法:现场观察及现场清点检查。

(5)散热器背面与装饰后晶墙内表面安装距离,应符合设计或产品说明书要求。如设计未注明,应为30 mm。

检验方法：尺量检查。

（6）散热器及太阳能热水器安装允许偏差应符合规定。

十一、室内管道除锈、防腐及保温

（一）管道除锈、防腐不良

（1）现象：管道除锈、污垢打磨不干净，油漆漏出，造成防腐不良。

（2）原因分析：管道进场后保管不善，安装前未认真清除铁锈，未及时刷油防腐。

（3）防治措施：①管道进场后应妥善保管，并采取先集中除锈刷油，后进行预制安装的方法；②执行除锈和刷油操作规程。

（二）管道瓦块保温不良

（1）现象：瓦块绑扎不牢，瓦块脱落，罩面不光滑，厚度不够，保温隔热效果下降。

（2）原因分析：①瓦块材料配合比不当，强度不够；②绑扎瓦块时，瓦块的放置方法不对，使用铁丝过细，间距不合适。

（3）预防措施：①预制瓦块所用材料的强度、表观密度、导热系数和含水率应符合设计要求和规范规定。②绑扎瓦块时，其结合缝应错开，并用石棉灰填补。管径小于 50 mm 时，用 20 号（0.95 mm）镀锌铁丝绑扎；管径大于 50 mm 时，用 18 号（1.2 mm）镀锌铁丝绑扎。绑扎间隙为 150～200 mm。③在固定支架、法兰、阀门及活接头两边留出 100 mm 的间隙不做保温，并抹成 60°～90°斜坡。④在高压蒸汽及高压热水管道的拐弯处或涨缩拐弯处，均应留出 20 mm 的伸缩缝，并填充石棉绳。⑤瓦块的罩面层材料应采用合理的配合比，认真进行罩面层的施工操作。

（4）治理方法：补齐脱落瓦块，加密绑扎铁丝。

第七章　建筑工程质量控制中的 BIM 技术综合与虚拟建造

第一节　BIM 技术的项目应用要求及配置

一、项目应用要求

（一）项目介绍

近年来，随着装饰审美观念的不断提升，装饰风格越来越多样化，吊顶和装饰构件则更加复杂。一个完整的工程包括建筑、结构、机电、装饰等多个专业，每个专业都涵盖多个小专业。施工过程中面临多个承包商、多个专业、多个施工班组等复杂组合，为了合理协调好施工各方，达到一次创优的效果，选择应用建筑信息模型 BIM（Building Information Modeling）技术。

（二）依托工程概况

南宁职业技术学院桂港现代职业教育发展中心工程，地址位于广西南宁市南宁职业技术学院相思湖新校区。建设规模为地上建筑面积 31 319.72 m^2，地下建筑面积：5 000 m^2，人防面积 2 500 m^2，地上裙楼 3 层、主楼 22 层、附楼 14 层。主楼为框架剪力墙结构建筑高度 83.85 m，附楼为框架结构建筑高度 55.05 m，裙楼为框架结构建筑高度 15.45 m。

基础独立基础条形基础人防区配筋复杂，施工难度大，人防、结构、建筑、水电、幕墙等各设计单位的施工图相互独立。

因此，如何通过合理的深化设计及优秀的协调组织，成为本工程顺利保质完工的保证。

二、BIM 技术应用概述

建筑信息模型简称 BIM，是以建筑工程项目的各项相关信息数据作为模型的基础，进行建筑模型的建立,通过数字信息仿真模拟建筑物所具有的真实信息。它具有信息完备性、信息关联性、信息一致性、可视化、协调性、模拟性、优化性和可出图性八大特点。

BIM 技术兴起于国外,目前发达国家在这方面的发展已经趋于国内前列,尤其美国、英国、德国的计算机技术在工程上的应用已经比较成熟,有了相应的行业标准,甚至英国已经在 2016 年全面实施 BIM 技术应用于施工领域。国内虽然宣传 BIM 技术比较多,但是在广西真正实际应用的项目并不太多。

三、BIM 技术综合项目应用设计

(一)项目研究目标

(1)通过运用一系列三维建模软件,将建筑、结构、装饰、机电模型建立起来,并通过在 BIM 类软件进行深化设计,最终出具施工图纸,达到施工方便、快捷、美观的效果。BIM 系列软件有 Autodesk Revit 系列、Tekla、Bentley、Navisworks、Lumion 二次开发的品茗 BIM 系列、二次开发的广联达 BIM 系列、鲁班 BIM 系列。经过走访交流驻南宁项目中字头建筑实用性、经济性、可行性分析后,选用了原有的 Autodesk 系列,确立建模软件选用 Revit、碰撞检测及模拟施工选用 Navisworks、漫游选用 Lumion 及 BIM5D 软件。

(2)对每台计算机安装软件并建立工作平台。

将工作集作为一种协作机制,使多个用户可以通过取得用户定义的图元组的临时所有权来协作处理单个模型。这样在分工建模审图时可大大提高审图的效率。

(3)对管理人员进行审图软件的实操培训。

经过走访交流其他 BIM 应用前列企业,发现各地建模标准和规则都不一样,甚至同一个地方不同企业的标准也不一样,但总体根据住建部 2017 年 7 月 1 日发布的 GB/T 51212—2016《建筑信息模型应用统一标准》,再根据 BIM 业务范围及业务特点修订试行。

BIM 工作中,模型的精度及审图后期发挥的价值和建模标准及工作流程等制度有很大关系,需要统一 BIM 应用的标准和规则。大致可以归纳为以下几点:

1)建立制模、用模的顺序、模型拆分原则、文件命名规则、统一的建模基准规则,如模型定位基点设置规则、轴网与标高定位基准规则等。

2)建立各种建筑、结构、机电构件模型的命名规范,绘制模型基准,管线绘制顺序及排布规则,标记和图框的规范化使用。

3)构件的主要参数设置规则、构件之间的空间关系规则、专业间交叉设计的建模重用规则。

4)制订对广联达、Naviswork、Lumion、Fuzor 等后期软件交互导入规则。

(4)通过模型分解及管理系统,达到场外加工与现场组装一体化效果。

(5)通过 BIM 技术在施工管理中的应用,最大限度地保证各方施工能顺利进行,还包括系统网络化的管理现场的安全、质量、资料、造价、工作面等方面的控制。

（二）研究内容

针对桂港现代职业教育发展中心工程，主要研究内容如下：

（1）运用 BIM 技术进行提高图纸会审效率的研究。

（2）基于模型的精度复核，误差调整及后续处理研究。

（3）通过模型分解进行场外加工图制作，并将其归纳成系统，使得后期能进行数据化装配方面的研究。

（4）基于信息模型对管理现场方面进行研究。

第二节　建筑工程的 BIM 技术及准备

为了更好地服务施工，需要对模型的建立制订一系列规则，以便后期的模型分割、构件定位、精度控制、进度控制、造价管理等。

一、基础——模型建立

为了使建立的模型能够如实指导施工，因此必须保证模型和施工图纸一致，并且随着实际情况的改变，模型也要相应进行调整。所以依据的资料必须包括下列内容。

（1）建筑施工图、结构施工图、机电施工图、装饰施工图等甲方提供的图纸。

（2）施工规范标准、设计规范标准、标准图集。

（3）施工组织设计。

（4）合同及中标文件。

（5）项目周边环境状况、交通状况等实际情况。

（6）项目已施工完结构和建筑情况。

（7）设备材料商提供的本工程设备材料的规格材质参数等信息。

（8）图纸设计变更，现场因其他原因导致的签证等。

（9）其他本项目相关信息。

（一）模型在建立时需要达到的效果

为了能在整个研究过程中，最大限度地使用建立好的模型，我们对模型的建立提出了以下具体要求。

（1）必须保证结构模型与现场一致，其他模型基本一致。

（2）模型必须在后期施工指导时能够比较方便分割。

（3）模型在后期使用时能够获取需要的信息。

(4)模型建立的过程科学合理。

(5)模型在可视化展示方面能够清晰明确地分辨每个系统。

(6)模型在协同工作时,要能根据计算机的配置要求,达到使用流畅的功能。

(二)模型建立需要制订的规则

根据上一条的具体要求,我们制订了以下规则。

1. LOD 标准定义

BIM 模型等级 LOD 标准,反映的是 BIM 模型的细致程度,英文叫作 Level of Details,也叫作 Level of Development。描述了一个 BIM 模型构件单元从最低级的近似概念化的程度发展到最高级的演示级精度的步骤。美国建筑师协会(AIA)为了规范 BIM 参与各方及项目各阶段的界限,在其 2008 年的文档 E202 中定义了 LOD 的概念。这些定义可以根据模型的具体用途进行进一步的发展。LOD 的定义可以用于两种途径:确定模型阶段输出结果(Phase Outcomes)和分配建模任务(Task Assignments)。

LOD 被定义为 5 个等级,从概念设计到竣工设计,已经足够来定义整个模型过程。但是,为了给未来可能会插入等级预留空间,定义 LOD 为 100 到 500。具体的等级如下:

LOD 100—Conceptual 概念化。等同于概念设计,此阶段的模型通常为表现建筑整体类型分析的建筑体量,分析包括体积、建筑朝向、每平方造价等。

LOD 200—Approximate geometry 近似构件(方案及扩初)。等同于方案设计或扩初设计,此阶段的模型包含普遍性系统包括大致的数量、大小、形状、位置以及方向。LOD200 模型通常用于系统分析以及一般性表现目的。

LOD 300—Precise geometry 精确构件(施工图及深化施工图)。模型单元等同于传统施工图和深化施工图层次。此模型已经能很好地用于成本估算以及施工协调,包括碰撞检查、施工进度计划以及可视化。LOD300 模型应当包括业主在 BIM 提交标准里规定的构件属性和参数等信息。

LOD 400—Fabrication 加工。此阶段的模型被认为可以用于模型单元的加工和安装。此模型更多地被专门的承包商和制造商用于加工和制造项目的构件包括水电暖系统。

LOD 500—As-built 竣工。模型元素被建模为实际的构造组件,并且在大小、形状、位置、数量和方向方面都是准确的。非几何信息也可以附加在建模的元素上。

本项目的 LOD 标准选用 300,建筑结构装饰等部分需要定义几何信息和技术信息,机电则定义大部分涵盖信息。

(1)结构专业建模。

混凝土结构:正确反映混凝土平面(包括板边、标高、降升板、梁、楼板开洞、剪力墙开洞、楼梯)、混凝土构件尺寸(包括梁、柱截面尺寸,板厚,剪力墙墙厚,牛腿截面)、节点构造(包括预应力端头、后浇带构造、防水构造等)、材料信息(包括构件的混凝土强度等级、不同部位钢筋等级信息等)。

其他:防火门、防火卷帘,要求完整体现其数量、构造及空间尺寸。

要求梁、板、柱的截面尺寸与定位尺寸须与图纸一致，然后根据现场实际施工情况，进行调整；如遇到管线需穿混凝土梁，需要设计方给出详细的配筋图，BIM 技术人员根据其深化管线穿梁节点。

(2)建筑专业建模。

建筑：建筑地坪、外墙、外幕墙、屋顶、内墙、隔墙、门窗、电梯、吊板、扶手、楼梯、管道井、设备(机)房、水池、车道、雨篷、坡道等。

要求建筑构件形状、尺寸和定位与现场一致，墙体上管道开孔定位准确。

(3)装饰专业建模。

吊顶形状、尺寸、定位与装饰设计图纸一致，能够反映吊顶与管道之间的位置关系；各类内置灯具或者管道等的柜体、台面等装饰物建模，其尺寸形状与设计一致。

(4)机电专业建模。

暖通：空调、消防送排风、排烟等风管、管件(包括弯头、三通、四通、变径、乙字弯)、阀门、风道末端、管件、阀门等设备，必须体现风管材质、保温材质和厚度。空调水管、管件、阀门等；系统机房(制冷机房、锅炉房、空调机房、热交换站)设备体量模型布置，体现空调水管材质、保温材质和厚度。

给排水：主干管道($DN \geqslant 65$ mm)、水管管件(包括弯头、三通、四通、变径)、主管阀门、流量计、泵房及水处理机房设备体量、室内消火栓、卫浴装置、预留预埋管；消火栓主干管道($DN \geqslant 65$ mm)、主管阀门、流量计、消防箱、喷淋管道(各层全部横向管道)、喷头。支管 $DN25$ mm 及以上的管道、管件、阀门、设备、仪表。

电气(供电、弱电、照明等)：变、配电系统(高低压开关柜、变压器、发电机、控制屏)设备体量模型、动力桥架、桥架构件(弯头、三通、四通、变径)、配电箱(柜)、传感设备和终端设备、照明桥架及灯具等，消防及安全系统控制室设备体量、信息系统控制室及设备体量。

2. 视图命名规则

工作平面在 Autodesk Revit 工作时非常重要，因为每层工作平面相关联，所以每位工程师在建模时应当在原楼层平面的基础上复制相关平面为横向平面、竖向平面等，并且在自己复制的工程平面加上工程师的名字，不得在原平面上进行建模工作。项目经理在对模型进行复核无误的情况下各工程师可以删除自己创建的楼层平面，保留原始工程平面。工程师在创建楼层平面后可以根据自己的需要对视图范围进行调节。

3. 拆分规定、工作集命名、协同规定、过滤器的使用

(1)模型拆分规定：模型主要按建筑分区和楼层来拆分，以保证每个模型体量在一个合适的范围之内。

(2)工作集命名：工作集命名包含其拆分元素信息。启用工作共享时，由项目经理根据工程情况进行工作集的分配。进行工作集的分配时，为了利于施工模拟及工程量统计，结构、建筑模型中应根据工程区域竖向构件、横向构件分别设置，工作集分配时应当采用企业统一格式进行命名。

建筑专业、结构专业：按建筑分区、按单个楼层。

装饰专业：按分区、按单个楼层、按地面吊顶。

机电专业：按系统（强电、弱电、给水、排水、通风、空调水、消防、喷淋等）、按分区、按单个楼层。

优先独栋分区和功能分区，土建尽量纵向拆分，大面积地下可按楼层拆分，机电参考土建原则。

（3）协同规定：协同工作，根据工作集拆分原则，进行人员分工。

（4）过滤器使用规定：过滤器作为辅助建模的功能，主要作为系统调色、可见性调整等使用。

二、建模应用流程

BIM建模应用流程如图7-1所示。

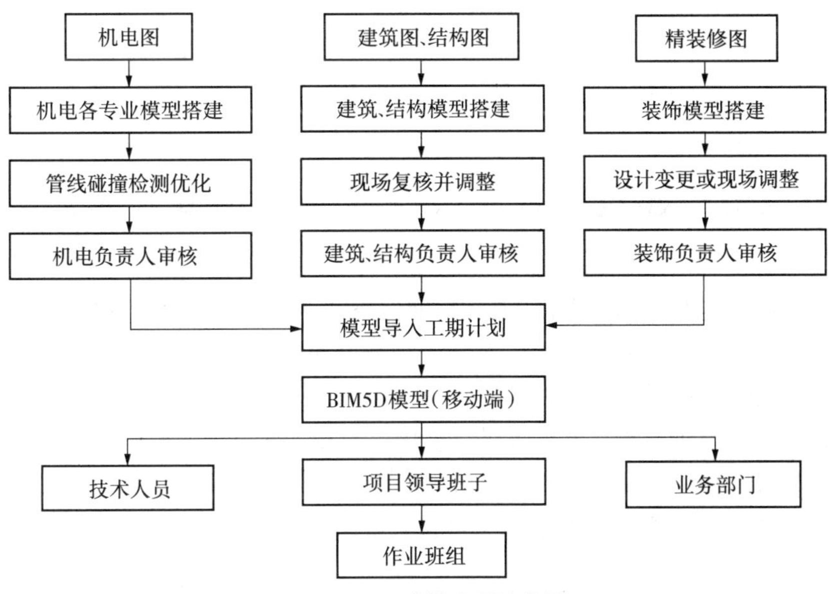

图7-1 BIM建模应用流程图

三、建模准备阶段

（一）信息收集

在深化设计工作之前，要做好充分的信息准备工作，对影响深化设计的前提条件进行分析。例如：设计顾问的意图是否了解，建设单位对设计的意见和想法，精装修建筑墙体图纸和机电点位图是否已经定稿等。

（二）认真熟悉设计蓝图

（1）熟悉建筑区域功能、防火分区、机电设备用房位置、机电管道井位置、楼梯详图及其位置、前室等，并对已完建筑进行测量复核。

（2）熟悉顶板结构梁、钢结构梁的尺寸、楼板的尺寸信息、柱的尺寸、结构墙的尺寸位置等，并对已完结构进行测量复核。

（3）熟悉机电各管线的功能、路由、尺寸、管井及立管的位置，了解各专业管线密集区域和管线协调重点区域。

（4）熟悉精装修区域划分，熟悉各区域的天花标高要求和机电最低标高要求，熟悉各区域机电点位的排布。

（三）整理图纸

由于图纸版本多，因此需要对图纸版本进行核对对比，使最终使用的图纸都是最新版本的图纸，并对每张图纸进行分层，图纸进行简化处理。

第三节　建筑工程质量控制中的BIM技术研究

BIM技术的特点如下：①可视化，结合数据信息技术与电子成型技术，将原本抽象的平面图像及相关的数据进行标注，实现了对施工现场的集约式数据管理；②协调性，BIM技术不仅可以进行可视化，同时还可以进行指导、分析等一系列操作，使管理工作更加方便；③模拟性，对工程各个环节进行提前模拟，包括进度分析、吊装模拟等；④实践性，利用BIM技术可以通过模拟找出设计本身存在的一些不合理情况，并根据分析得出相应的优化图纸；⑤数据集成性，可以从BIM系统提取和输入项目相关数据信息，如提取材料量信息、加工质量安全信息等。

因此，BIM技术的特点符合建筑工程质量控制以预防为主，防患于未然的关键要求。

一、基于BIM技术提高图纸会审效率的研究

BIM工作中最基础、最重要的是模型建立，建模需要将二维图纸转化为三维模型在使用Revit软件建模过程中，导入设计院给的CAD电子图的方法将大大提高建模的效率。在建模过程中就会发现原有平面图的梁柱与大样图不一致、真实模仿一根梁一根柱浇筑，这也是利用BIM技术提前发现图纸问题的办法之一。

经过Revit建模后将模型分层导入Naviswork中深度碰撞检测，查找图纸问题。如图7-2(a)左侧小窗口所示为碰撞结果，点击碰撞点可返回Revit模型查看问题。碰撞检查主要是

把钢筋、土建、安装模型集成到一体以后，检查不同专业之间的相互冲突，尤其是在三维中的相互冲突。该项目的碰撞检查共发现碰撞 217 项。这些碰撞主要是水电管线与梁的冲突，暖通管线与梁的冲突，桥架与梁的冲突，水电专业、暖通专业、消防专业之间的相互冲突。总结起来，碰撞检查发现的问题主要是土建专业与设备专业之间的冲突，安装中水电专业、暖通专业、消防专业之间的相互冲突。

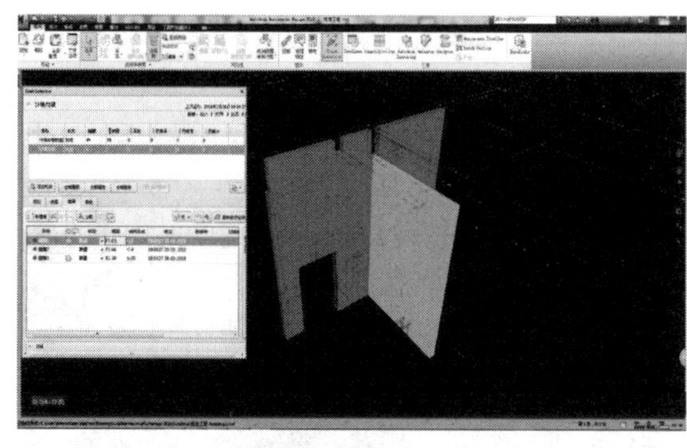

(a)深度碰撞检测

(b)查找图纸问题

图 7-2　Naviswork 碰撞检测审查图纸问题

如图 7-2(b)所示，地下室多专业模型整合碰撞后，利用 BIM5D 或 Lumion 进行漫游，模型漫游是在模型建立以后，进入模型内部观察模型的虚拟效果。通过对人工观察，发现虚拟模型中的问题，进而找到设计图纸的问题。模型漫游在模型建立以后进行。找出图纸问题或者图纸以外的不利于施工或者使用的问题。

利用 BIM 技术审核总平图及场布，在节地措施中分阶段模拟施工场地规划布置，对各工种进行统筹协调安排，明显减少材料浪费，减少因设计不合理导致二次搬运，避免运输、塔吊运作半径过大等导致工期效率变慢，成本增加等问题。

将建筑、结构、安装等各个专业的图纸绘制成三维模型，链接集成在一起协同完成审图成果。由于软件问题或设计人员经验等问题，各个工程师对建筑物的理解有偏差，专业设计图纸之间“打架”的现象很难避免。BIM 审图技术将承担起各专业设计间“协调综合”工作，设计工作中的错漏碰缺问题可以得到有效控制。在审图过程中，技术人员提前将信息化模型绘制完成，相当于提前施工了一次，所见即现场成型后所得，当业主对工程质量要求不明确时，造成工程变更多，质量难以有效控制。BIM 为业主提供形象的三维设计，业主可以更明确地表达自己对工程质量的要求，如建筑物的色泽、材料、设备要求等，有利于各方开展质量控制工作。

BIM 技术是项目管理人员控制工程质量的有效手段。由于采用 BIM 设计的图纸是数字化的，计算机可以在检索、判别、数据整理等方面发挥优势。现场管理员不必拿着厚厚的图纸反复核对，只需要通过一些简单的功能就可以快速地、准确地得到建筑物构件的特征信息，如钢筋的布置、设备预留孔洞的位置、构件尺寸等，在现场及时下达指令。而且，将建筑物从平面变为立体，是一个资源耗费的过程。无论建筑物已建成、已经开始建设或已经备料，发现问题后进行修改的成本都是巨大的。利用 BIM 模型和施工方案进行虚拟环境数据集成，对建设项目的可建设性进行仿真实验，可在事前发现质量问题。

二、基于 BIM 信息模型排砖对砌筑质量提升的研究

南职院桂港项目运用 BIM 建模软件排砖的应用，根据砌筑方案及规范运用 Revit 和 BIM 5D 进行砌体砌块提前排布，统计出工程量，确保在符合规范的情况下尽量减少碎砖数量，并保证墙体的美观性。为提高砌体实体质量，采用 BIM 技术先制作排砖图，按排砖图进行施工，能有效提高砌筑质量控制，如图 7-3 所示。

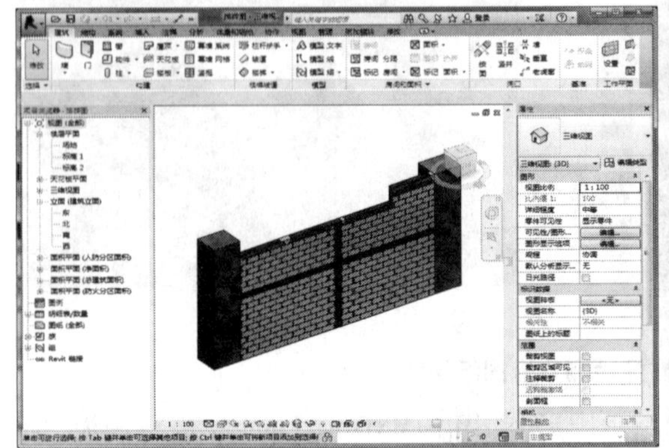

图 7-3　砌体结构排砖应用效果

三、基于 BIM 信息模型对样板区构件质量控制方面的研究

南职院桂港项目参与项目创优，推行质量样板引路制，分项工程先做样板，符合创优要求后再大面积推广。根据工法和规范提前运用 BIM 技术策划、模拟施工再实施，可以有效加强样板构件的质量控制。桂港项目的后浇带采用的是独立模板支撑系统，与两侧的模板支撑体系既分开又统一，拆模时保留后浇带处的模板支撑不拆除，避免了以往先拆模后回顶、回顶松紧度难以把握的问题，避免了后浇带两侧结构下沉开裂的现象，确保工程质量，如图 7-4 所示。

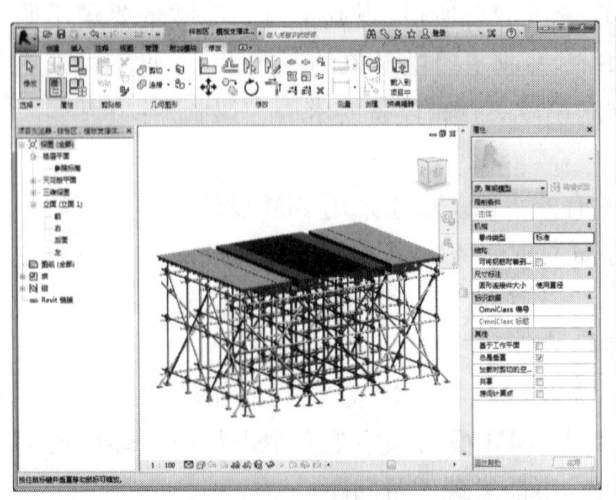

图 7-4　样板区独立模板支撑系统应用效果

四、基于信息模型对管理现场方面的研究

1. 根据模型调整情况出具碰撞优化报告

为了更好地展示碰撞优化情况,我们按照一定的规则,出具碰撞报告 PPT,其包括 CAD 图纸、模型平面图、模型三维图、节点优化介绍等。

2. 根据模型出具各类图纸

(1)管线综合图:该图纸在平面图内将机电系统的管线反映出来,合理安排不同专业管线的走向、标高、间距等,以满足精装修、施工安装、规范及检修的要求。

(2)机电综合剖面图:该图纸反映出机电综合平面图内局部管线比较密集的区域内各专业管线的走向、标高、间距,剖面图内需要明确、形象地表示出该剖面图的管线布置和标高。

(3)各机房及管井、电井大样图:该图纸反映各机房、管井、电井的具体细节情况。

(4)预留孔洞图:该图纸反映出机电管线需要穿越剪力墙及结构地台的地方预留孔洞,以及天花板上预留检修口、风口预留洞、机电点位预留洞,根据需要对预留孔洞尺寸进行精准定位,尽量避免后期对结构和吊顶的破坏。

3. 利用模型出具工作量清单

根据项目需求,对所需要出具施工材料量的模型进行分类统计,如列出管道材料量,需要分楼层将管道材质、类型、管径、总数进行统计。

4. 利用平台进行多方面现场管理

(1)进度管理:为了保证施工在可控范围内,我们利用 BIM 技术对工程进行进度模拟,单层模拟其施工工序、多层模拟其流水施工。计划实时更新、实时监控,实现 4D 可视化形象进度展示,更为施工下一步进展提供可靠数据。

(2)造价和合同管理:包括对劳务分包的材料量计划及分配、进度工作量统计及核对、材料商的材料汇总、洽商签证的实时信息录入。

(3)材料管理:根据施工进度安排,在平台中提取出材料量清单,并将信息在筑材网发布,跟踪材料询价、报价、中标及审批、签订合同情况。

(4)质量安全管理:现场采用 BIM 360Glue 浏览模型与实际施工情况进行核对,对按图施工和施工质量不到位的工程进行拍照,录入 BIM5D 系统,在工作例会上点对点地进行工程质量纠正。

五、基于信息模型的深入研究方向

在 BIM5D、BIMVR、三维技术交底 BIMAR 以及 AE 视频后期制作、BIM 招投标应用等落地式应用方面,值得工程技术人员深入探索。

参考文献

[1] 张新兵,王兴忠,林建明,等. 建筑工程质量问题控制方法及应用[M]. 南京:东南大学出版社,2016.

[2] 李新航,毛建光. 建筑工程[M]. 北京:中国建材工业出版社,2018.

[3] 王永利,陈立春. 建筑工程成本管理[M]. 3 版. 北京:北京理工大学出版社,2018.

[4] 袁建新,袁媛,侯兰. 建筑工程定额与预算[M]. 3 版. 成都:西南交通大学出版社,2018.

[5] 齐秀梅. 建筑工程质量控制[M]. 北京:北京理工大学出版社,2009.

[6] 李峰. 建筑工程质量控制[M]. 北京:中国建筑工业出版社,2006.

[7] 余景良. 建筑工程质量与安全控制[M]. 北京:北京理工大学出版社,2012.

[8] 石光明,邹科华. 建筑工程施工质量控制与验收[M]. 北京:中国环境科学出版社,2013.

[9] 王钧. 建筑工程施工质量控制与验收[M]. 哈尔滨:黑龙江科学技术出版社,2009.

[10] 陈晓红,李宇. 建筑工程质量控制[M]. 北京:人民邮电出版社,2016.

[11] 李晓琳,崔永红. 建筑工程质量控制[M]. 北京:中国原子能出版社,2015.

[12] 宋扬,王胜兰. 建筑工程质量控制[M]. 广州:华南理工大学出版社,2015.

[13] 齐秀梅,张国强,刘志红. 建筑工程质量控制[M]. 北京:北京理工大学出版社,2014.

[14] 李峰. 建筑工程质量控制[M]. 2 版. 北京:中国建筑工业出版社,2013.

[15] 何向红,徐猛勇,吝杰,等. 建筑工程质量控制[M]. 郑州:黄河水利出版社,2011.

[16] 张瑞生. 建筑工程质量控制与检验[M]. 2 版. 武汉:武汉理工大学出版社,2017.

[17] 王宗昌. 建筑工程质量控制防治与提高[M]. 北京:中国建筑工业出版社,2014.

[18] 闫超君,张茹,张亦军. 建筑工程质量控制与安全管理[M]. 郑州:黄河水利出版社,2013.